职业教育院校艺术设计类专业系列教材

设计材料与工艺

江湘芸　刘建华　编

阮宝湘　主审

机 械 工 业 出 版 社

本书为职业教育院校艺术设计类专业系列教材，内容涉及艺术设计专业应掌握的基本知识。全书共7章，配置大量图片，系统而简明地叙述了产品设计材料的基本种类、性能特点、加工工艺方法及运用特征，重点探讨各种常用设计材料及加工工艺对现代产品设计的影响和作用。书中每章前有学习目的，章后附有思考题，帮助学生学习理解。

本书既可作为高等职业教育院校艺术设计类专业教材，也可供中等职业教育学校相关专业学生和从事艺术设计人员参考使用。

图书在版编目（CIP）数据

设计材料与工艺/江湘芸，刘建华编．—北京：机械工业出版社，2008.2（2021.8重印）
职业教育院校艺术设计类专业系列教材
ISBN 978-7-111-23501-9

Ⅰ.设… Ⅱ.①江…②刘… Ⅲ.工程材料—造型设计—高等学校：技术学校—教材 Ⅳ.TB47

中国版本图书馆CIP数据核字（2008）第020237号

机械工业出版社（北京市百万庄大街22号 邮政编码100037）
策划编辑：汪光灿 责任编辑：汪光灿 版式设计：霍永明
责任校对：王 欣 封面设计：鞠 杨 责任印制：单爱军
北京虎彩文化传播有限公司印刷
2021年8月第1版第5次印刷
184mm×260mm·10.75印张·244千字
8901—9400册
标准书号：ISBN 978-7-111-23501-9
定价：52.00元

电话服务
客服电话：010-88361066
010-88379833
010-68326294

网络服务
机 工 官 网：www.cmpbook.com
机 工 官 博：weibo.com/cmp1952
金 书 网：www.golden-book.com
机工教育服务网：www.cmpedu.com

封底无防伪标均为盗版

前言

在设计中，材料及工艺和设计的关系是密切相关的。材料及工艺是产品设计的物质技术条件，是产品设计的基础和前提。材料以其自身的特性影响着产品设计，不仅保证了维持产品功能的形态，并通过材料自身的性能、特性满足产品功能的要求，成为直接被产品使用者所视及与触及的惟一对象。任何一个产品设计，只有与选用材料的性能特点及其加工工艺性能相一致，才能实现设计的目的和要求。近几年我国产品设计与材料科学领域取得长足的发展，世界范围内新材料与先进工艺在产品设计开发领域的应用极大地推动了设计水平的提高，同时也要求产品设计专业人员不断完善自我的知识，了解新的材料与工艺知识。

本书作为高等职业院校艺术设计专业的适用教材，为适应现阶段专业教学的需要，内容不过多涉及有关工科专业理论，力求能完整地结合设计领域，反映材料工艺学的现状，增加了一些新的知识，拓宽了材料的种类与加工工艺信息量。全书内容以材料的应用为切入点，系统而简明地叙述了设计应用材料中的基本种类、材料属性、成形工艺、选材目的及其产品质感特征。全书文字简洁，通俗易懂，具有广、浅、新的特点，特别是书中配置的大量图片，使读者更直观地感觉到产品设计中材料与工艺的魅力。书中每章后面配有思考题，以引导学生重点了解和掌握。

本书共7章，由北京理工大学江湘芸、中国建材工业协会刘建华编写。全书由北京理工大学阮宝湘教授主审。

由于编者水平有限，书中难免存在缺点和不足之处，敬请读者批评指正。

编　者

2007年10月

目录

contents

第一章
产品设计材料与工艺概论

学习目的：明确材料与设计的关系，了解材料设计体系，掌握设计材料的基本属性和表面质感特征，把握材料工艺与产品、人、环境之间的有机联系，积极评价各种材料在设计中的美学价值。

第一节　材料与产品设计

一、材料的发展

材料是人类用来制造产品的物质，是人类生活和生产的物质基础，它先于人类存在，人类社会一开始就与材料结下不解之缘。翻开人类进化史，我们不难发现，材料的开发、使用和完善贯穿其始终，与人类的生活和社会发展密不可分，对人类的生存和发展产生了深刻的影响。事实上，人类文明进化的时代就是以材料的使用来划分的。人类从石器时代、陶器时代、铜器时代、铁器时代步入当代的人工合成材料时代，材料早已成为人类赖以生存和生活中不可缺少的重要部分。材料的进步和发展直接影响到人类生活的改善和科学技术的进步，它是人类文明和时代进步的标志，是社会科学技术发展水平的标志。

人类发展的历史证明：材料是人类文明进步的里程碑。纵观人类利用材料的历史，可以清楚地看到，每一种重要材料的发现和利用，都会把人类在自然中的生存能力提高到一个新的水平，给社会生产力和人类生活带来巨大的变化，把人类物质文明和精神文明向前推进一步。

二、产品设计中的材料工艺因素

从原始时代起，人类在使用材料时就注意到各种材料的基本特性，并经过无数次的失败和成功，积累和丰富了对材料的认识和加工技术，尽量针对不同的材料予以不同的形态设计。科学技术的发展使现代新型材料不断出现和广泛应用，对工业造型设计有着极大的推动作用。每一种新材料的发现和应用，都会产生不同的成形加工方法和工艺制作方法，从而导致产品结构的巨大变化，给产品造型设计带来新的飞跃，形成新的设计风格，同时也对产品造型设计提出更高的要求。产品造型设计的过程实质上是对材料的理解和认识的过程，是“造物”与“创新”的过程，是应用的过程。

在产品造型设计中，材料是构成设计对象的物质，是不依赖于人的意识而客观存在的物质，无论是传统材料还是现代材料、天然材料还是人工材料、单一材料还是复合材料，均是工业造型设计的物质基础；工艺是指材料的成形工艺、加工工艺和表面处理工艺，是人们认识、利用和改造材料并实现产品造型的技术手段。材料通过工艺过程成为具有一定形态、结构、尺寸和表面特征的产品，将设计方案转变成具有使用价值和审美价值的实体。

材料与工艺是设计的物质技术条件，是产品设计的前提，它与产品的功能、形态构成了产品设计的三大要素，而产品的功能和造型的实现都建立在材料和工艺上。在诸多的造型材料中，各种材料都有其自身的材料特性，并因加工性能和装饰处理各异而体现出不同的材质美，从而影响着产品造型设计。任何一种产品造型设计只有与选用材料的性能特点及其工艺特性相一致，才能实现设计的目标和要求。

材料的不同，必然带来设计的不同，新的材料会产生新的设计，产生新的造型形式，给人们带来新的感受。

任何设计均须通过材料来创造内容，设计的结果由加工后的特定的材料得以保证，设计在很大程度上取决于材料的固有特性。材料本身具有极为复杂的特性，在探讨造型时，设计师必须了解和掌握材料特性，正确评价材料特性，从材料本身推演出产品所需的结构和形式，能动地使用物质技术条件，将材料特性发挥到最大限度。

三、材料与产品的匹配关系

产品，是由一定的材料经过一定的加工工艺而构成的。一件完美的产品必须是功能、形态和材料三要素的和谐统一，是在综合考虑材料、结构、生产工艺等物质技术条件和满足使用功能的前提下，将现代社会可能提供的新材料、新技术创造性地加以运用，使之满足人类日益增长的物质和精神需求。

产品设计包含两个侧面，即功能设计与形式设计。材料不仅是功能设计并且还是形式设计的主要处理对象，因为材料不仅保证了能维持产品功能的形态，而且材料是直接被产品使用者所视及与触及的惟一对象。因此，在产品设计中，材料不仅要与功能设计层面并且还要与形式设计层面取得良好匹配。这一匹配关系如图 1-1 所示。

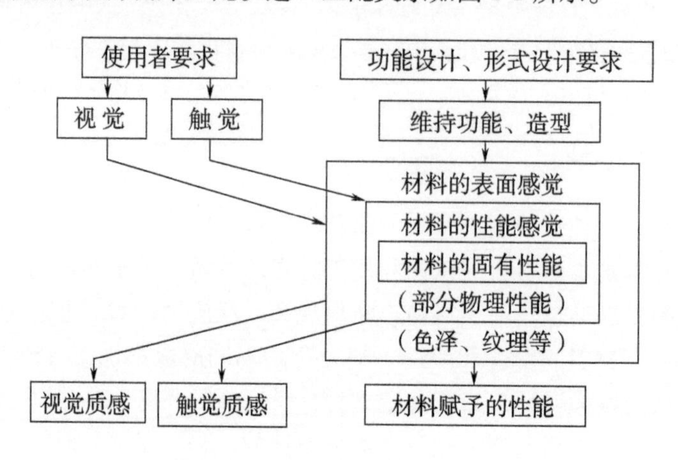

图 1-1　材料与产品的匹配关系

由图得知，材料的性能分为三个层次：其核心部分是材料的固有性能（包括物理性能、化学性能、加工性能等）；中间层次是人的感觉器官能直接感受的材料性能，它主要是部分物理性能（如硬软、重轻、冷暖等）；其外层是材料性能中能直接赋之于视觉的表面性能（如肌理、色彩、光泽等）。产品功能设计所要求的是与核心部分的材料固有性能相匹配，而在产品形式设计中除了材料的形态之外，还必须考虑材料与使用者的触觉、视觉相匹配。一般触觉要求的是与中间层次的性能感觉相匹配；而视觉上要求与材料的表面感觉相匹配。

随着科学技术的进步，尤其自20世纪80年代后期以来，人类终于逐步认识到材料科学必须与人、社会、环境取得调和，不然，全人类都将为此付出沉重的代价。不少国家已逐步以法律的形式把与人、社会、环境的调和确定为社会发展的基本原则，也就是可持续发展的国策。

第二节　设计材料的分类

在设计范畴内，材料是指用于设计并且不依赖人的意识而客观存在的所有物质。因此，设计材料所涉及的范围十分广泛，从气态、液态到固态，从单质到化合物，无论是传统材料还是现代材料、天然材料还是人工材料、单一材料还是复合材料，均是设计的物质基础。材料的分类方法很多，通常可按下列方式分类：

一、按材料的发展历史分类

第一代材料：不改变在自然界中的状态，或只施加低度加工的材料，如木材、竹、棉、毛、皮革、石材天然材料等。

第二代材料：利用天然材料经不同程度的加工而得到的加工材料，加工程度从低到高，有人造板、纸、水泥、金属、陶瓷、玻璃等。

第三代材料：利用化学合成方法将石油、天然气和煤等原料制造而得的高分子材料，如塑料、橡胶、纤维等。

第四代材料：用有机、无机非金属乃至金属等各种原材料复合而成的材料。

第五代材料：随环境条件和时间而变化的具有应变能力或拥有潜在功能的高级形式的复合材料（智能材料或应变材料）。

二、按材料的物质结构分类

按材料的物质结构分类，可以把设计材料分为四大类：

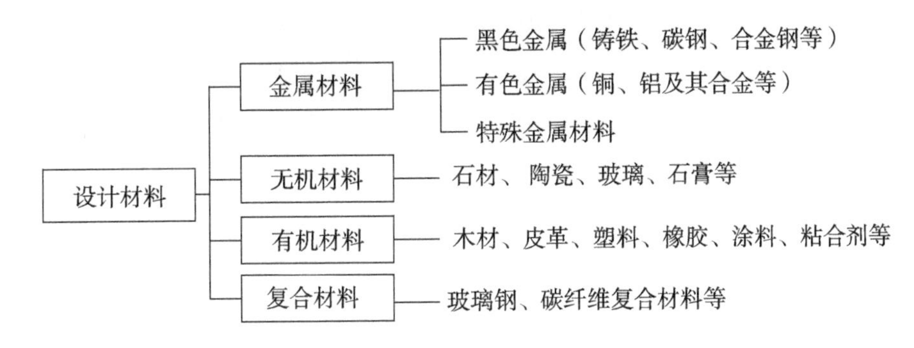

三、按材料的形态分类

设计所用材料为了加工与使用的方便，往往事先制成一定的形状，按这些形态通常将材料划分为三大类：

（1）线状材料　设计中常用的有钢管、钢丝、铝管、金属棒、塑料管、塑料棒、木条、竹条、藤条等。图 1-2 为采用钢丝制作的椅子。

（2）板状材料　设计中所用的板材有金属板、木板、塑料板、合成板、金属网板、皮革、纺织布、玻璃板、纸板等。图 1-3 为采用板状玻璃制作的椅子。

（3）块状材料　设计中常用的块材有木材、石材、泡沫塑料、混凝土、铸钢、铸铁、铸铝、油泥、石膏等。图 1-4 为采用块状木材制作的椅子。

图 1-2　用钢丝制作的椅子

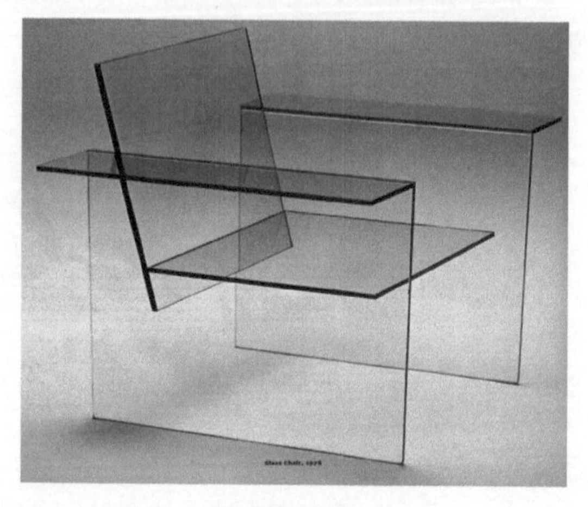

图 1-3　采用玻璃板制作的椅子

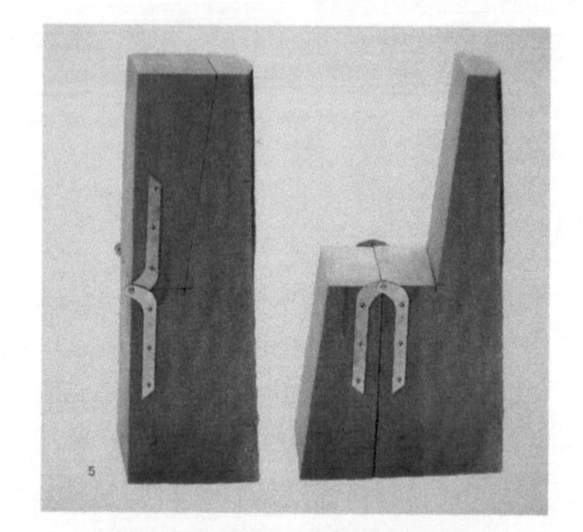

图 1-4　采用块状木材制作的椅子

第三节　设计材料的属性特征

材料特性包括两方面：一是材料的固有特性，即材料的物理特性和化学特性，如力学性能、热性能、电磁性能、光学性能和防腐性能等；二是材料的派生特性，它是由材料的固有特性派生而来的，即材料的加工特性、材料的感觉特性和环境特性。这些特性的综合效应从某种角度讲决定着产品的基本特点。

一、材料的固有特性

材料的固有特性是由材料本身的组成、结构所决定的。材料的固有特性包括材料的物理特性和化学特性。

（一）材料的物理性能

1. 材料的密度

材料单位体积内所含的质量，即材料的质量与体积之比，即

$$\rho = m/V$$

式中　ρ——材料密度，单位为 kg/m^3；

m——材料的质量，单位为 kg；

V——材料的体积，单位为 m^3。

2. 力学性能

（1）强度　强度是指材料在外力（载荷）作用下抵抗破坏作用的能力。强度是评定材料质量的重要力学性能指标，是设计中选用材料的主要依据。

由于外力作用方式不同，材料的强度可分为抗压强度、抗拉强度、抗弯强度和抗剪强度等。

（2）弹性和塑性　弹性是指材料受外力作用而发生变形，外力除去后能恢复原状的性能。这一变形称为弹性变形。材料所承受的弹性变形量愈大，则材料的弹性愈好。

塑性是指在外力作用下产生变形，当外力除去时，仍能保持变形后的形状，而不恢复原形的性能。这一变形称为永久变形。永久变形量大而又不出现破裂现象的材料，其塑性好。

（3）脆性和韧性　脆性是指材料受外力作用达到一定限度后，产生破坏而无明显变形的性能。脆性材料易受冲击破坏，不能承受较高的局部应力。

韧性是指材料在冲击荷重或振动荷载下能承受很大的变形而不致破坏的性能。

脆性和韧性是两个相反的概念，材料的韧性高则意味其脆性低；反之亦然。

（4）刚度　刚度是指材料在受力时抵抗弹性变形的能力，常以弹性模量（应力与应变量之比值）来表示。刚度是衡量材料产生弹性变形难易程度的指标。材料抵抗变形的能力越大，产生的弹性变量就越小，材料的刚度越好。

（5）硬度　硬度是指材料表面抵抗塑性变形和破坏的能力。材料硬度值随试验方式不同而异。

（6）耐磨性　耐磨性的好坏常以磨损量作为衡量的指标。磨损量越小，说明材料耐磨性越好。

3. 热性能

（1）导热性　材料将热量从一侧表面传递到另一侧表面的能力，通常用导热系数来表示。导热系数大，是热的良导体，如金属材料；导热系数小，是热的绝缘体，如高分子材料。

（2）耐热性　材料在热环境下抵抗热破坏的能力，通常用耐热温度来表示。晶态材料以熔点温度为指标（如金属材料、晶态塑料）；非晶态材料以转化温度为指标（如非晶态塑料、玻璃等）。

（3）热胀性　材料由于温度变化产生膨胀或收缩的性能，通常用热胀系数表示。热胀系数以高分子材料为最大，金属材料次之，陶瓷材料最小。

（4）耐燃性　材料对火焰和高温的抵抗性能。根据材料耐燃能力可分为不燃材料和易燃材料。

（5）耐火性　材料长期抵抗高热而不熔化的性能，或称耐熔性。耐火材料应在高温下不变形、能承载。耐火材料按耐火度又分为耐火材料、难熔材料和易熔材料三种。

4. 电性能

（1）导电性　导电性是指材料传导电流的能力。通常用电导率来衡量导电性的好坏。电导率大的材料导电性能好。

（2）电绝缘性　电绝缘性与导电性相反，通常用电阻率、介电常数、击穿强度来表示。电阻率是电导率的倒数，电阻率大，材料电绝缘性好；击穿强度越大，材料的电绝缘性越好；介电常数愈小，材料电绝缘性愈好。

5. 磁性能

磁性能是指金属材料在磁场中被磁化而呈现磁性强弱的性能。按磁化程度分为：

铁磁性材料——在外加磁场中，能强烈被磁化到很大程度的材料，如铁、钴、镍等。

顺磁场材料——在外加磁场中，只是被微弱磁化的材料，如锰、铬、钼等。

抗磁性材料——能够抗拒或减弱外加磁场磁化作用的材料，如铜、金、银、铅、锌等。

6. 光性能

光性能是指材料对光的反射、透射、折射的性质。如材料对光的透射率愈高，材料的透明度愈好；材料对光的反射率高，材料的表面反光强，为高光材料。

（二）材料的化学性能

材料的化学性能是指材料在常温或高温时抵抗各种介质的化学或电化学侵蚀的能力，是衡量材料性能优劣的主要质量指标，主要包括耐腐蚀性、抗氧化性和耐候性等。

（1）耐腐蚀性　耐腐蚀性是指材料抵抗周围介质腐蚀破坏的能力的性质。

（2）抗氧化性　抗氧化性是指材料在常温或高温时抵抗氧化作用的能力的性质。

（3）耐候性　耐候性是指材料在各种气候条件下，保持其物理性能和化学性能不变的性质。如玻璃、陶瓷的耐候性好，塑料的耐候性差。

二、材料的工艺特性

在产品造型设计中，精湛的工艺技术是实现产品最佳效果的前提和保障。一个好的设计者必须在构思上针对不同材质和不同工艺进行综合的全面考虑，必须通过各工艺技术将其制作成产品。倘若不了解材料所特有的材质属性、工艺程序和技术要求，所谓的设计也只能是纸上谈兵。因此，产品造型设计应依据切实可行的工艺条件和工艺方法，编排出一套合理的工艺程序方案，确保工艺技术在加工过程中得以尽量发挥，将工艺的美从产品中淋漓尽致地体现出来。正如丹麦著名设计师克林特所说：“运用适当的技巧去处理适当的材料，才能真正解决人类的需要，并获得率直和美的效果。”

材料的工艺性是指材料适应各种工艺处理要求的能力。材料的工艺性包括材料的成形工艺、加工工艺和表面处理工艺。它是材料固有特性的综合反映，是决定材料能否进行加工或如何进行加工的重要因素，它直接关系到加工效率、产品质量和生产成本等。

（一）材料的成形加工性

在造型设计中，材料在通过加工后，必须能构成并且能长期“保持”住设计所赋予它的应有形态，从而才能最终成为产品。材料的成形加工性是衡量产品造型材料优劣的重要标志，它赋予制品一定的形状。产品造型设计材料必须具有良好的成形加工性能。材料通过成形加工才能成为产品，并体现出设计者的设计思想。如果没有先进、合理、可行的工艺手段，多么先进的结构和美观的造型，也只是纸上谈兵而实现不了。

美观的造型设计，必须通过各种工艺手段将其制作成为物质产品。此外，即使是同一种结构的造型设计，采用相同的材料，由于工艺方法与水平的差异，也会产生相差十分悬殊的质量效果（见图1-5）。在造型设计中实现造型的工艺手段是重要因素。工业产品造型设计必须有一定的工艺技术来保证。造型设计应该依据切实可行的工艺条件、工艺方法来进行造型设计构思，同时要熟悉所选用材料的性能和各种工艺方法的特点，掌握影响造型因素的关系与规律，经反复实践，才能较好地完成造型设计。

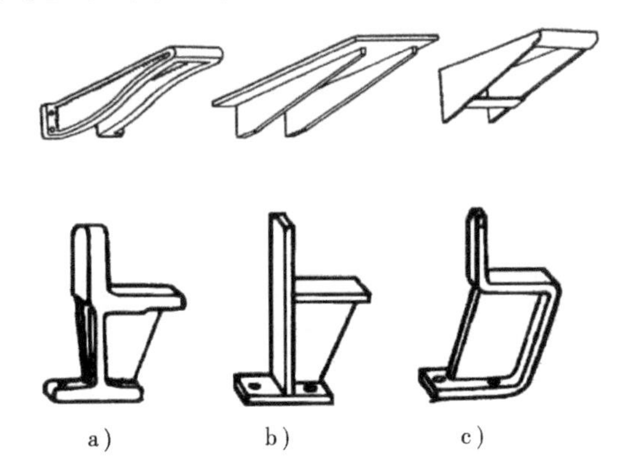

图 1-5　不同成形工艺对造型的影响
a）铸造成形　b）厚钢板焊接成形
c）薄钢板弯折成形

不同的材料有不同的成形加工方法，但从原理上通常可归纳为以下三种：

1）去除成形——又称减法成形，是指坯料在成形过程中，将多余的部分除去而获得所需的形态，如切削加工成形。

2）堆积成形——又称加法成形，是指通过原料的不断堆积而获得所需形态，如铸造成型、压制成形、注射成型等。

3）塑性成形——是指坯料在成形过程中不发生量的变化，只发生形的变化，如弯曲、变形、轧制、压延等。

设计师虽然不直接动手参与材料的加工成形，但是必须了解所设计的产品有可能采用的加工成形技术，如果现有技术无法实现时，是否有新技术可供应用或者有必要开发新的技术。甚至是否有必要改变材料规划，选用其他合适的材料来加工成形，或者改变设计的形式以适应材料的成形加工性。所以，设计师必须充分了解各种材料的特性与适合该材料的各种成形技术。

（二）材料的表面工艺性

产品设计是为了使所创造的产品与人之间取得最佳匹配的活动，而与人的关系还表现于视觉与触觉的世界，也就是材料表面的世界。具体说就是要处理诸如色彩、光泽、纹理、质地等直接诉之于视觉与触觉的一切表面造型要素。而这些表面造型要素则会因材料表面性质与状态的改变而改变。产品表面所需的色彩、光泽、肌理等，除少数材料所固有的特性外，大多数是依靠各种表面处理工艺来取得，所以表面处理工艺的合理运用对于产生理想的产品造型形态至关重要。

在产品造型设计时要根据产品的性能、使用环境、材料性质正确选择表面处理工艺和

面饰材料，使材料的颜色、光泽、肌理及工艺特性与产品的形态、功能、工作环境匹配适宜，以获得大方、美观的外观效果，给人以美的感受。

1. 表面处理的目的

表面处理技术是指采用诸如表面电镀、涂装、研磨、抛光、覆贴等能改变材料表面性质与状态的表面加工与装饰技术。

从产品造型设计出发，表面处理的目的表现为以下两个方面：一是保护产品，即保护材料本身赋予产品表面的光泽、色彩、肌理等而呈现出的外观美，并提高产品的耐用性，确保产品的安全性，由此有效地利用材料资源；二是根据产品造型设计的意图，改变产品表面状态，赋予表面更丰富的色彩、光泽、肌理等，提高表面装饰效果，改善表面的物理性能（光性能、热性能、电性能等）、化学性能（防腐蚀、防污染、延长使用寿命）及生物学性能（防虫、防腐、防霉等），使产品表面有更好的感觉特性。

表面处理技术，既可使相同材料具有不同的感觉特性（同材异质感），又可使不同材料获得相同的感觉特性（异材同质感）。例如，同一铝材表面采用不同的面饰工艺，如腐蚀、氧化、抛光、旋光、喷砂、拉丝及高光、亚光、无光等处理，则会产生不同质感；同一玻璃材质采用研磨、喷砂、抛光、蚀刻等处理使玻璃形成花纹和图案，通过透明与不透明的对比，给人以柔和、含蓄、实在的感觉。又如电镀不仅可改变塑料表面性能，而且可使塑料表面呈现金属的光泽和质感；表面涂覆工艺不仅使金属获得符合设计要求的色彩，还可获得仿木纹、仿皮革、仿纺织物等各种肌理。

2. 表面处理类型

材料的表面性质和状态与表面处理技术有关，通过切削、研磨、抛光、冲压、喷砂、蚀刻、涂饰、镀饰等不同的处理工艺可获得不同的材料表面性质、肌理、色彩、光泽，使产品具有精湛的工艺美、技术美和强烈时代感。设计中所采用的表面处理技术，一般可分为三类，见表 1-1。

表 1-1　造型材料表面处理的分类

分　类	表面精加工	表面层改质	表面被覆
处理目的	有平滑性和光泽，形成凹凸花纹	有耐蚀性，有耐磨耗性，易着色	有耐蚀性，有色彩性，赋予材料表面功能
处理方法和技术	机械方法（切削、研削、研磨）、化学方法（研磨、表面清洁、蚀刻、电化学抛光）	化学方法（化成处理、表面硬化）、电化学方法（阳极氧化）	金属被覆（电镀、镀覆）、有机物被覆（涂装、塑料衬里）、珐琅被覆（搪瓷、景泰蓝）

三、材料的感觉特性

材料感觉特性，又称材料质感，是人的感觉系统因生理刺激对材料作出的反应，由人的知觉系统从材料表面特征得出的信息，是人对材料的生理和心理活动，它建立在生理基础上，是人们通过感觉器官对材料作出的综合印象。质感是工业造型设计基本构成的三大感觉要素之一。

材料的感觉特性是材料给人的感觉和印象，是人对材料刺激的主观感受。材料的感觉特性与材料本身的组成和结构密切相关，不同的材料呈现着不同的感觉特性。各种材料较具代表的感觉特性见表1-2。

表1-2　各种材料的感觉特性

材　料	感觉特性
木材	自然、协调、亲切、古典、手工、温暖、粗糙、感性
金属	人造、坚硬、光滑、理性、现代、科技、冷漠、凉爽
玻璃	高雅、明亮、光滑、时髦、干净、整齐、协调、自由、精致、活泼
塑料	人造、轻巧、细腻、艳丽、优雅
皮革	柔软、感性、浪漫、手工、温暖
陶瓷	高雅、明亮、时髦、整齐、精致、凉爽
橡胶	人造、柔韧、随和、安全、理性

材料的感觉特性包含两个基本属性：

（1）生理心理属性　即材料表面作用于人的触觉和视觉系统的刺激性信息，如粗犷与细腻、粗糙与光滑、温暖与寒冷、华丽与朴素、浑重与单薄、沉重与轻巧、坚硬与柔软、干涩与滑润、粗俗与典雅、透明与不透明等基本感觉特征。

（2）物理属性　即材料表面传达给人的知觉系统的意义信息，也就是材料的类别、性能等。它主要体现为材料表面的几何特征和理化类别特征，如肌理、色彩、光泽、质地等。

材料感觉特性按人的感觉可分为触觉质感和视觉质感，按材料本身的构成特性可分为自然质感和人为质感。

1. 材料的触觉质感

材料的触觉质感是人们通过手和皮肤触摸材料而感知材料的表面特性，是人们感知和体验材料的主要感受。

材料的触觉质感与材料表面组织构造的表现方式密切相关。材料表面微元的构成形式，是使人皮肤产生不同触觉质感的主因。同时，材料表面的硬度、密度、温度、粘度、湿度等物理属性也是触觉不同反应的变量。表面微元的几何构成形式千变万化，有镜面的、毛面的。非镜面的微元又有条状、点状、球状、孔状、曲线、直线、经纬线等不同的构成，产生相应的不同触觉质感。

在现代工业产品造型设计中，运用各种材料的触觉质感，不仅在产品接触部位体现了防滑易把握、使用舒适等实用功能，而且通过不同肌理、质地材料的组合，丰富了产品的造型语言，同时也给用户更多的新的感受。

2. 材料的视觉质感

材料的视觉质感是靠眼睛的视觉来感知的材料表面特征，是材料被视觉感受后经大脑综合处理产生的一种对材料表面特征的感觉和印象。

材料对视觉器官的刺激因其表面特性的不同而决定了视觉感受的差异。材料表面的光泽、色彩、肌理、透明度等都会产生不同的视觉质感，从而形成材料的精细感、粗犷感、均匀感、工整感、光洁感、透明感、素雅感、华丽感和自然感。

视觉质感是触觉质感的综合和补充。一般说，材料的感觉特性是相对于人的触感而言的。由于人类长期触觉经验的积淀，大部分触觉感受已转化为视觉的间接感受。对于已经熟悉的材料，即可根据以往的触觉经验通过视觉印象判断该材料的材质，从而形成材料的视觉质感。由于视觉质感相对于触觉质感的间接性、经验性、知觉性和遥测性，也就具有相对的不真实性。利用这一特点，可以用各种面饰工艺手段，以近乎乱真的视觉质感达到触觉质感的错觉。例如，在工程塑料上烫印铝箔呈现金属质感，在陶瓷上真空镀上一层金属，在纸上印制木纹、布纹、石纹等，在视觉中造成假像的触觉质感，这在工业造型设计中应用较为普遍。

触觉质感和视觉质感的特征比较见表1-3。

表1-3 触觉质感和视觉质感的特征比较

	触觉质感	视觉质感
感知	人的表面+物的表面	人的内部+物的表面
生理性	手、皮肤——触觉	眼——视觉
性质	直接、体验、直觉、近测、真实、单纯、肯定	间接、经验、知觉、遥测、不真实、综合、估量
质感印象	软硬、冷暖、粗细、钝刺、滑涩、干湿	脏洁、雅俗、枯润、疏密、贵贱

3. 材料的自然质感

材料的自然质感是材料本身固有的质感，是材料的成分、物理化学特性和表面肌理等物面组织所显示的特征。比如：一块黄金、一粒珍珠、一张兽皮、一块岩石（见图1-6）都体现了它们自身特性所决定的材质感。自然质感突出材料的自然特性，强调材料自身的美感，关注材料的天然性、真实性和价值性。

图1-6 天然岩石的自然质感

4. 材料的人为质感

材料的人为质感是人有目的地对于材料表面进行技术性和艺术性加工处理，使其具有材料自身非固有的表面特征（见图1-7）。人为质感突出人为的工艺特性，强调工艺美和技术创造性。随着表面处理技术的发展，人为质感在现代设计中被广泛地运用，产生同材异质感和异材同质感，从而获得了丰富多彩的各种质感效果。

图1-7 表面电镀的玻璃酒杯

四、材料的环境性

环境意识作为一种现代意识，已引起了人们的普遍关注和国际社会的重视。环境意识是现代社会的产物，也是后工业社会发展的必然。它是现代人类对自然、社会、人性的感悟与理性判断的结果，具有明显的时代特征。人类寄希望于设计，试图通过设计来改善目前的生存环境状况。

随着全球工业化进程的发展，有更多的各类材料被大量用于工业产品中，这是设计师造福人类的一大业绩。但是，一切事物往往有其反面。各类工业材料的大量使用，使人类居住的环境遭到了日益严重的污染，自然资源尤其是非再生资源也遭到滥用与破坏。如何减少环境污染、重视生态保护，成为人们关注的热点，也成为设计师选用材料必须考虑的重要因素。

1）选用适合产品使用方式的材料，对各种材料的种类、使用量和使用条件等都加以严格的限制。提高产品效能，延长产品生命周期，减低产品的淘汰率。

2）减少使用材料对环境的破坏和污染，避免使用有毒、有害成分的原料。

图 1-8 所示的是由日本 Victor 公司推出玉米淀粉制成的玉米光盘。这种光盘采用一种以玉米粉合成的特殊塑料材料制成，和传统光盘所用的材质不同，减少了传统工艺在生产光盘过程中产生的二氧化碳，且废弃后可自然分解。

3）材料使用单纯化、少量化，尽量采用同类材料，避免多种不同材料的混合使用，限制产品中所使用材料种类，以便产品的回收和再利用。

4）尽量选用可回收再生或重复使用的材料，避免抛弃式的设计，减少垃圾的产生，提倡易拆卸的结构，标明部件中所使用的材料名称，明确标示回收标志，使消费者能明确了解回收的材料类别，进行垃圾分类，以便回收再利用，以利于资源的再循环利用。

图 1-8 玉米光盘

图 1-9 是由意大利设计师保罗·尤连（Polo Ulian）和吉塞普·尤连（Giuseppe Ulian）设计的“Dune”衣物挂钩。设计者利用废旧塑料瓶进行再设计，将塑料矿泉水瓶压扁，充分利用塑料瓶现有的特征——瓶口罗纹，使之与底座相连，并用瓶盖固定。挂钩基座可采用热压成型的塑料板或冲压成形的钢板，可独立安装，也可多个组合成一组。

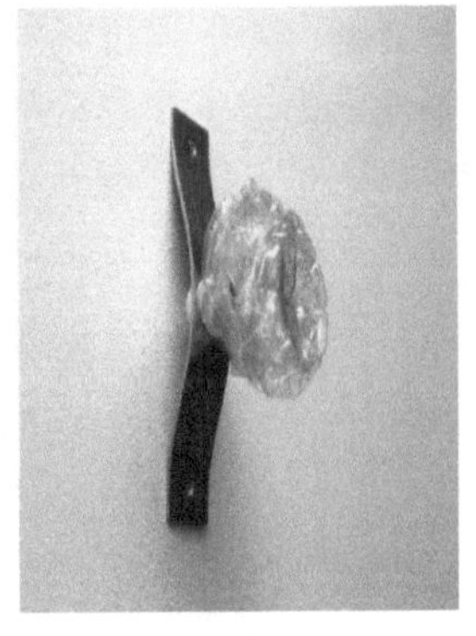

图 1-9 “Dune”衣物挂钩

对废弃物的再利用不仅能有效减少可能污染环境的垃圾堆放，也大大节约了原材料。因此，开发采用再生材料，甚至直接利用废弃物制作产品，将是十分有意义的工作，理应成为现代设计的一个重要课题。

5）选用废弃后能自然分解并为自然界吸收的材料。产品使用废弃后，对环境的污染是严重的。在塑料使用过程中，塑料废弃物，尤其是塑料包装材料是令人头痛的环境污染物。现在已采用废弃后能在光合作用或生化作用下自然分解的塑料制作包装材料，这种塑料包装材料废弃后，在光合作用下会失去其物理强度并脆化，经自然界的剥蚀碎成颗粒进入土壤，并在生化作用下重新进入生物循环，不再给环境造成污染。

图1-10是由沃里克大学制造集团公司与PVAXX研发公司以及摩托罗拉公司合作开发新的环保手机产品。这种废旧的手机可埋到泥土里作为混合肥料，几周后就能够自然分解。

图1-10　环保手机产品

6）减少不必要的表面装饰，尽量选用表面不加任何涂饰、镀覆、贴覆的原材料，便于回收处理和再利用。在产品设计中为了达到美观、耐用、耐腐蚀等要求，大量使用表面覆饰材料，这不仅给废弃后的产品回收再利用带来困难，而且大部分覆饰材料本身有毒，覆饰工艺本身会给环境带来极大的污染。因此，设计中保持材料的原材质表面状态，不仅有利于回收，同时材料本身的材质也给人粗犷、自然、质朴的特殊美感。

第四节　设计材料的美学基础

材料服务于人的实用物理功能研究开发已久，而材料作用于人的审美心理功能研究才起步。材料是设计和工艺制造过程中审美信息的转化和传递的载体。设计材料美学就是一门研究材料的审美特性和创造美的规律及材料的加工方法和使用方法的学科。材料美学是产品造型美的一个重要方面，人们通过视觉和触觉、感知和联想来体会材料的美。材料的美不能机械地视为材料本身固定不变的审美价值，而是人在应用和加工材料过程中的变化的、流动的审美价值。

材料美学具体化就是质感设计。质感设计就是对产品材料的技术性和艺术性的先期规划，是一个合乎设计规范的认材—选材—配材—理材—用材的有机程序，是企业产品设计战略的重要组成部分。在造型设计中，应充分考虑材料自身的不同个性，对材料进行巧妙的组配，使其各自的美感得以表现，并能深化和相互烘托，形成了符合人们审美追求风格的各种情感。

材料的美与材料本身的组成、性质、表面结构及使用状态有关，它通过材料本身的表面特征，即色彩、光泽、肌理、质地、形态等特点表现出来。

一、材料的色彩美感

材料是色彩的载体，色彩不可能游离材料而存在。色彩有衬托材料质感的作用。

材料的色彩可分为两类：

（1）材料的固有色彩或材料的自然色彩　材料的固有色彩或材料的自然色彩是产品设计中的重要因素，设计中必须充分发挥材料固有色彩的美感属性，而不能削弱和影响材料色彩美感功能的发挥，应运用对比、点缀等手法去加强材料固有色彩的美感功能，丰富其表现力，图1-11为木材的自然色彩。

图1-11　木材的自然色彩

（2）材料的人为色彩　根据产品装饰需要，对材料进行造色处理，以调节材料本色，强化和烘托材料的色彩美感。在造色中，色彩的明度、纯度、色相可随需要任意推定，但材料的自然肌理美感不能受影响，只能加强，否则就失去了材料的肌理美感作用，是得不偿失的做法。图1-12为金幻彩处理的ZIPPO打火机。

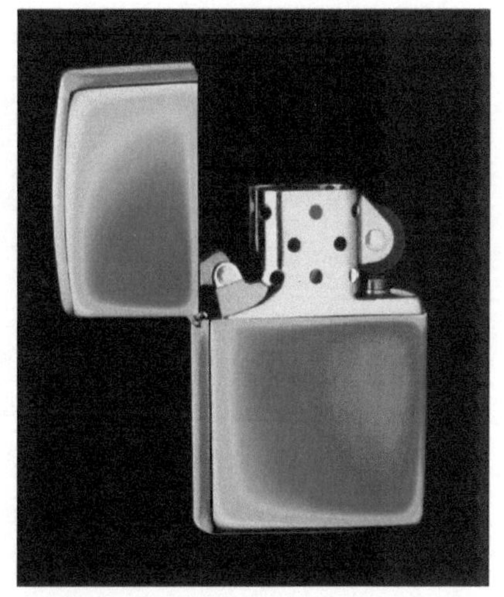

图1-12　金幻彩处理的ZIPPO打火机

孤立的材料色彩是不能产生强烈的美感作用的，只有运用色彩规律将材料色彩进行组合和协调，才会产生明度对比、色相对比和面积效应以及冷暖效应等现象，突出和丰富材料的色彩表现力。

材料色彩的应用必须遵循以下原则：

1）尽量运用材料的天然色彩。一方面，材料天然色彩本身就具有极强的美感，没有比天然色彩更符合材料特性的颜色，从语义学角度讲，天然色彩本身对材料具有最合理的表达。另一方面，改变材料天然色彩就意味着表面处理工艺中一系列工序的介入，一方面会增加制造成本，另一方面会带来资源、能源的浪费，环境的污染，妨碍可回收材料的有效再利用。

2）尽量通过较少的颜色种类来构成。产品构件尽量用少量的（一般为两种）颜色构成，多构件制品的每一个构件尽量采用单色。这样一方面容易达到变化统一的美学效果，另一方面由于材料的附加色彩与加工工艺有关，表面每增加一种颜色便可能增加一道工序。

二、材料的肌理美感

肌理是天然材料自身的组织结构或人工材料的人为组织设计而形成的，在视觉或触觉上可感受到的一种表面材质效果。它是产品造型美构成的重要要素，在产品造型中具有极大的艺术表现力。

任何材料表面都有其特定的肌理形态，不同的肌理具有不同的审美品格和个性，会对心理反应产生不同的影响。有的肌理粗犷、坚实、厚重、刚劲，有的肌理细腻、轻盈、柔和、通透。即使是同一类型的材料，不同品种也有微妙的肌理变化。不同树种的木材具有细肌、粗肌、直木理、角木理、波纹木理、螺旋木理、交替木理和不规则木理等千变万化的肌理特征。这些丰富的肌理对产品造型美的塑造具有很大的潜力。

根据材料表面形态的构造特征，肌理可分成自然肌理和再造肌理；而根据材料表面给人以知觉方面的某种感受，肌理还可分为视觉肌理和触觉肌理。

图 1-13　木材的自然肌理

自然肌理——材料自身所固有的肌理特征，它包括天然材料的自然形态肌理（如天然木材、石材等）和人工材料的肌理（如钢铁、塑料、织物等）。自然肌理突出材料的材质美，价值性强，以“自然”为贵（见图 1-13）。

再造肌理——材料通过表面面饰工艺所形成的肌理特征，是材料自身非固有的肌理形式，通常运用喷、涂、镀、贴面等手段，改变材料原有的表面材质特征，形成一种新的表面材质特征，以满足现代产品设计的多样性和经济性，在现代产品设计中被广泛应用。再造肌理突出材料的工艺美，技巧性强，以“新”为贵。图 1-14 为苹果机箱铝合金表面的再造装饰肌理。

图 1-14　铝合金表面的装饰肌理

视觉肌理——通过视觉得到的肌理感受，无须用手摸就能感受到的肌理，如木材、石材表面的纹理。

触觉肌理——用手触摸而能感觉到的有凹凸起伏感的肌理，如皮革表面的凹凸肌理、纺织材料的编织肌理等。在适当光源下，视觉也可以感知这种触觉肌理。

在产品设计中，合理选用材料肌理的组合形态，是获得产品整体协调的重要途径。

肌理虽是依附于产品表面的材质处理，但因为同一形态、肌理处理的差别，往往使其表面效果迥然不同，用有形的、动态的、美的肌理强化产品的外观形象，使产品传递出各种信息。

材料肌理的应用与设计几乎与色彩同样重要，它不仅可以丰富视觉感受，更可以丰富触觉感受，恰当的肌理设计可以提升整个设计的品质，赋予材料特定的心理感受。

肌理应用与设计主要具有以下作用：

1）发掘材料天然纹理美感。在适当的位置，以适当的方式直接使用或简单加工材料表面纹理，突现其天然美感。

图 1-15 为罗恩·阿拉德（Ron Arad）设计的“混凝土”音响组合，以钢筋水泥为音响设备的基本材料，无论是音箱还是唱机座，都是混凝土，其外观粗糙异常，与精细的塑料唱盘形成强烈的肌理对比，产生相互烘托、交相辉映的肌理美感。

图 1-15　混凝土音响组合

2）模仿天然材料纹理，赋予人工材料天然材料的质感，满足人们对天然材料的心理或视觉需求。

3）具有韵律美的人工纹理，可增强产品的美感。

4）起到防滑、心理暗示等功能。在手柄、踏板等表面设计一定的凹凸纹理可增强防滑特性，同时恰当的纹理设计可暗示和引导使用者正确使用产品。

三、材料的光泽美感

人类对材料的认识，大都依靠不同角度的光线。光是造就各种材料美的先决条件，材料离开了光，就不能充分显现出本身的美感。光的角度、强弱、颜色都是影响各种材料美的因素。光不仅使材料呈现出各种颜色，还会使材料呈现不同的光泽度。光泽是材料表面反射光的空间分布，它主要由人的视觉来感受。

材料的光泽美感主要通过视觉感受而获得在心理、生理方面的反应，引起某种情感，产生某种联想，从而形成审美体验。

根据材料受光特征可分为透光材料和反光材料：

（1）透光材料　透光材料受光后能被光线直接透射，呈透明或半透明状。这类材料常以反映身后的景物来削弱自身的特性，给人以轻盈、明快、开阔的感觉（见图1-16）。

透光材料的动人之处在于它的晶莹，在于它的可见性与阻隔性的心理不平衡状态，以一定数量叠加时，其透光性减弱，但形成一种层层叠叠像水一样的朦胧美（见图 1-17）。

许多材料都有透明特性，对于这些材料可通过工艺手段实现半透明或不透明，利用材料不同程度的透明效果呈现出丰富的表现力。同时，透明材料一般都具有光折射现象，因此，利用这一特性可对透明材料进行雕琢，从而获得变幻的效果。

图 1-16　透光材料——玻璃杯子

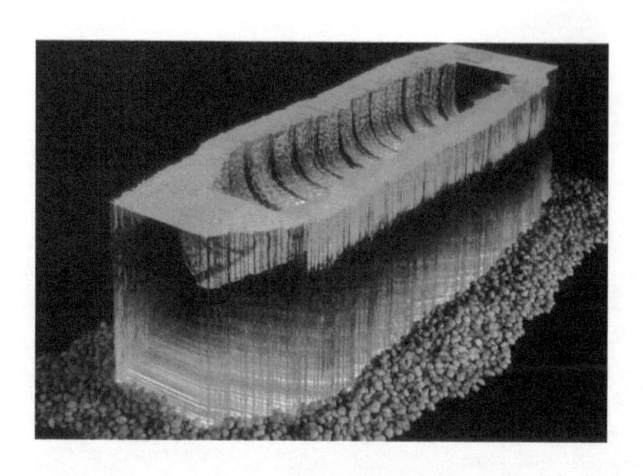

图1-17 玻璃的叠透效果

（2）反光材料 反光材料受光后按反光特征不同可分为定向反光材料和漫反光材料。

定向反光是指光线在反射时带有某种明显的规律性。定向反光材料一般表面光滑、不透明、受光后明暗对比强烈，高光反光明显，如抛光大理石面、金属抛光面、塑料光洁面、釉面砖等。这类材料因反射周围景物，自身的材料特性一般较难全面反映，给人以生动、活泼的感觉（见图1-18）。

漫反光是指光线在反射时反射光呈三百六十度方向扩散。漫反光材料通常不透明，表面粗糙，且表面颗粒组织无规律，受光后明暗转折层次丰富，高光反光微弱，为无光或亚光，如毛石面、木质面、混凝土面、橡胶和一般塑料面等，这类材料则以反映自身材料特性为主，给人以质朴、柔和、含蓄、安静、平稳的感觉（见图1-19）。

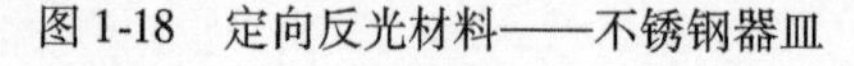

图1-18 定向反光材料——不锈钢器皿

图1-19 漫反光材料——木质毛面

反光材料的反光特征可用光洁度来表示。光洁度主要指材料表面的光洁程度。材料的表面可以从树皮的粗糙表面一直到光洁的镜面，利用光洁度的变化可创造出丰富的视觉、触觉及心理感受。光滑表面给人以洁净、清凉、人造、轻等印象，而粗糙表面给人以温暖、人性、可靠、凝重、天然、较脏的印象。

四、材料的质地美感

材料的美感除在色彩、肌理、光泽上体现出来外，材料的质地也是材料美感体现的一个方面，并且是一个重要的方面。材料的质地美是材料本身的固有特征所引起的一种赏心悦目的心理综合感受，具有较强的感情色彩。

材料的质地是材料内在的本质特征，主要由材料自身的组成、结构、物理化学特性来体现，主要表现为材料的软硬、轻重、冷暖、干湿、粗细等。如表面特征（光泽、色彩、肌理）相同的无机玻璃和有机玻璃，虽具有相近的视觉质感，但其质地完全不同，分属于两类材料——无机材料和有机材料，具有不同的物理化学性能，所表现的触觉质感也不相同。在设计中，产品材料质地特性及美感的表现力是在材料的选择和配置中实现的。

质地是与任何材料有关的造型要素，它更具有材料自身的固有品格，一般分为天然质地与人工质地。例如 Jurgen Bey 1999 年设计的树干长椅，由真实的树干和青铜制成，两种不同材质的配置应用，显示出强烈的质地美感（见图 1-20）。而图 1-21 所示的 New Shadow 器皿，独特的工艺使得纯金和玻璃这两种材质完美结合，呼应这款产品的浪漫。

图 1-20　树干长椅

图 1-21　New Shadow 器皿

思考题

1-1　结合一类产品，探讨材料与设计的关系。

1-2　简述设计材料的分类及主要用途。

1-3　试述材料工艺技术对实现材料特定形态的影响。

1-4　试述材料表面处理的目的及其分类。

1-5　在设计中如何体现材料的美感？

第二章
金属材料与工艺

学习目的：熟悉金属材料的基本概念和性能特征。了解常用金属材料的分类、主要加工工艺特点，掌握各种钢的成分、性能特点和用途，掌握铜和铝及其合金的分类、性能特点和主要用途。

金属材料以其优良的力学性能、加工性能和独特的表面特性，成为现代产品设计中的一大主流材质。今天，在日常生活和工业生产中能接触到的小到锅、勺、刀、剪等生活用品（见图2-1），大到机器设备、交通工具、大型建筑物等，哪一样都离不开金属材料。所以，人们把金属材料的生产和运用作为衡量一个国家工业水平的标志。因此，金属材料在今天工业产品材料中占据着中心的地位。

图2-1　金属产品

第一节　金属材料的分类及特性

一、金属的分类

金属材料是金属及其合金的总称。金属材料种类繁多，按照不同的要求又有许多分类方法：

1）按金属材料构成元素分为黑色金属材料、有色金属材料和特殊金属材料。

黑色金属材料包括铁和以铁为基体的合金，如纯铁、碳钢、合金钢、铸铁、铁合金等，简称钢铁材料。钢铁材料资源丰富，冶炼加工较方便，生产率高，成本低，力学性能优良，在应用上最为广泛。

有色金属包括铁以外的金属及其合金。常用的有金、银、铝及铝合金、铜及铜合金、钛及钛合金等。

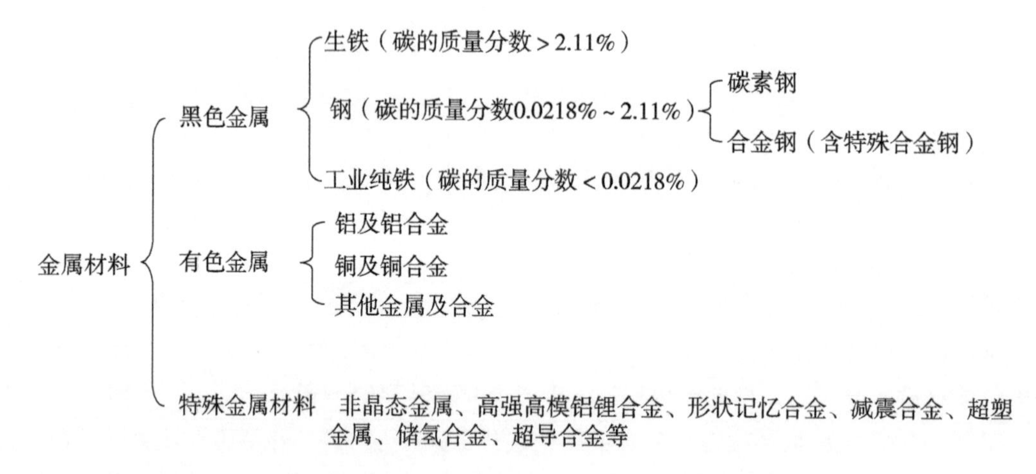

2）按金属材料主要性能和用途分为金属结构材料和金属功能材料。

3）按金属材料加工工艺分为铸造金属材料、变形金属材料和粉末冶金材料。

4）按金属材料密度分为轻金属（密度 $< 4.5\ g/cm^3$）和重金属（密度 $> 4.5\ g/cm^3$）。

二、金属的基本特性

在各个工程领域中，金属材料是所有材料中最主要和最基本的结构材料，也是现代产品设计得以实现的最重要的物质技术条件。在现代工业设计活动中，几乎没有不涉及金属材料的。由于金属及其合金在理学、物理学、化学和加工工艺等方面的一系列特殊的优异性能，使得它不仅可以保证产品使用功能的实现，而且可以赋予产品一定的美学价值，使产品呈现出现代风格的结构美、造型美和质地美。

金属材料的基本性能是由金属结合键的性质所决定的。金属材料除了来源丰富、价格也较便宜外，还具有许多优良的造型特征，金属的特性表现在以下几个方面：

1. 金属材料表面具有金属所特有的色彩、良好的反射能力、不透明性及金属光泽

金属中的自由电子能吸收并辐射出大部分投射到金属表面上的光能，所以纯净的金属表面能反光，有良好的反射能力，不透明，肌理细密并且呈现各种颜色，呈现出坚硬、富丽的质感效果。部分金属的色泽见表2-1。

表2-1　部分金属的色泽

金　属	色　泽	金　属	色　泽
铜	玫瑰红	锌	浅灰
银、铝、镁、锡	银白色	铅	苍灰
锡镍合金	淡玫瑰红	钛	暗灰
铁	灰白色	镍	略带黄的银白色
金、黄铜	金黄色	铬	微带蓝的银白色

2. 优良的力学性能

金属材料具有较高的熔点，有很好的展延性（塑性变形能力）、强度、韧性、刚度等特性，正是这样的强韧性能，使金属材料广泛应用于工程结构材料。

3. 优良的加工性能（包括塑性成形性、铸造性、切削加工及焊接等性能）

金属可以通过铸造、锻造等成形，可进行深冲加工成形，还可以进行各种切削加工，并利用焊接性进行连接装配，从而达到产品造型的目的。

4. 表面工艺性好

在金属表面可进行各种装饰工艺获得理想的质感。如利用切削精加工，能得到不同的肌理质感效果；如经镀铬抛光的镜面效果，给人以华贵的感觉；而镀铬喷砂后的表面成微粒肌理，产生自然温和雅致的灰白色，且手感好，此种处理用于各种金属操纵件非常适宜；另外在金属表面上进行涂装、电镀、金属氧化着色，可获得各种色彩，装饰工业产品。

5. 金属材料是电与热的良导体

金属具有良好的导电性和导热性，由于金属中的金属键里有大量电子存在，当金属的两端存在有电势差或外电场时，电子可以定向地、加速地通过金属，使金属表现出优良的导电性。加热时，离子（原子）的振动增强，使金属表现出良好的导热性。

6. 金属可以制成金属间化合物，可以与其他金属或非金属元素在熔融态下形成合金，以改善金属的性能。合金可根据添加元素的多少，分为二元合金、三元合金等。

7. 除了贵金属之外，几乎所有金属的化学性能都较为活泼，易于氧化而生锈，产生腐蚀。

金属材料几乎都是具有晶体结构的固体，由金属键结合而成，上述特性明确地反映了金属的本质，因此，在工业产品材料中，常常把金属视为具有特殊光泽、优良导电导热和良好塑性的造型材料。

第二节　金属材料的工艺技术

金属材料是现代工业的支柱，在选用金属材料时，除了按产品功能要求考虑必要的力学性能外，还必须同时考虑其工艺性能。金属材料的工艺性能是指其经受各种工艺技术的难易程度，实质上是物理、化学、力学性能的综合。金属材料的工艺性能包括金属材料的成形加工工艺特性、热处理工艺特性以及表面处理工艺特性。因此，了解金属材料的工艺特性是设计师快速并可靠地实现设计构思的一个重要途径。

一、金属材料的成形加工

金属材料的成形加工按照工艺方法的不同，可分为铸造、塑性加工、切削加工和焊接。

（一）铸造

铸造是一种历史悠久的金属液态成形工艺。今天，铸造已是第 5 大工业领域，年产数千万吨铸件。

铸造是将熔融态金属浇入铸型后，冷却凝固成为具有一定形状铸件的工艺方法（见图2-2）。

图 2-2　金属液的浇铸

现代工业生产中，铸造是生产金属零件毛坯的主要工艺方法之一，与其他工艺方法相比，铸造成形生产成本低，工艺灵活性大，适应性强，可铸出各种形状复杂、特别是内腔形状复杂的铸件，适合生产不同材料、形状和重量的铸件，并适合于批量生产。但铸件的力学性能、特别是冲击韧度较低。一般，铸造合金的内部组织晶粒较粗大，铸造生产的工艺复杂，影响铸件品质的因素多，铸件容易产生缺陷，废品率高，故铸件的力学性能不如锻件和焊件，不宜作为承受较大冲击动载荷的零件。

常用的铸造材料有铸铁、铸钢、铸铝、铸铜等，通常根据不同的使用目的、使用寿命和成本等方面来选用铸件材料。

铸造按铸型所用材料及浇注方式分为砂型铸造、熔模铸造、金属型铸造和压力铸造等。

1. *砂型铸造*

俗称翻砂，用砂粒制造铸型进行铸造的方法。其主要工序有制造铸模、制造砂铸型（即砂型）、浇注金属液、落砂、清理等（见图 2-3）。砂型铸造适应性强，几乎不受铸件形状、尺寸、重量及所用金属种类的限制，工艺设备简单，成本低，但砂型铸造劳动条件差，铸件表面质量低。图 2-4 为砂型铸造产品。

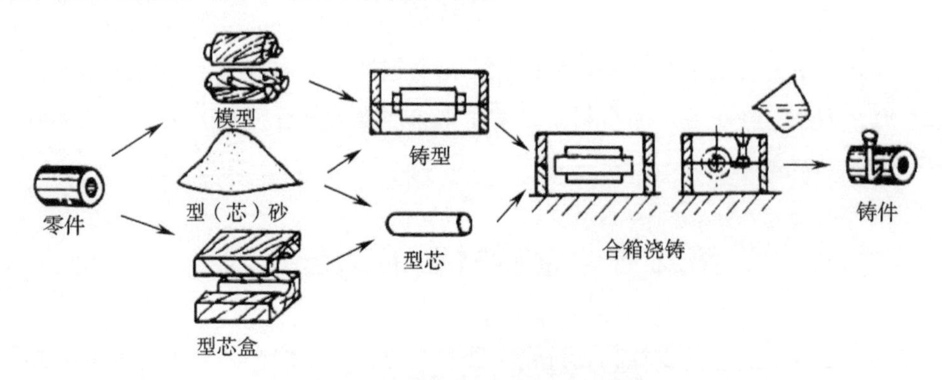

图 2-3　砂型铸造的基本工艺过程

2. *熔模铸造*

又称失蜡铸造，属精密铸造方法，是常用的铸造方法。熔模铸造的工艺过程如图 2-5 所示。

（1）制作母模　母模是铸件的基本模样，用于制造压型，可根据设计方案用适当的材料制作母模。

（2）制作压型　压型是制造蜡模的特殊铸型。压型常用钢或铝合金加工而成，小批量时可采用易熔合金、石膏或硅橡胶制作。

图 2-4　砂型铸造产品

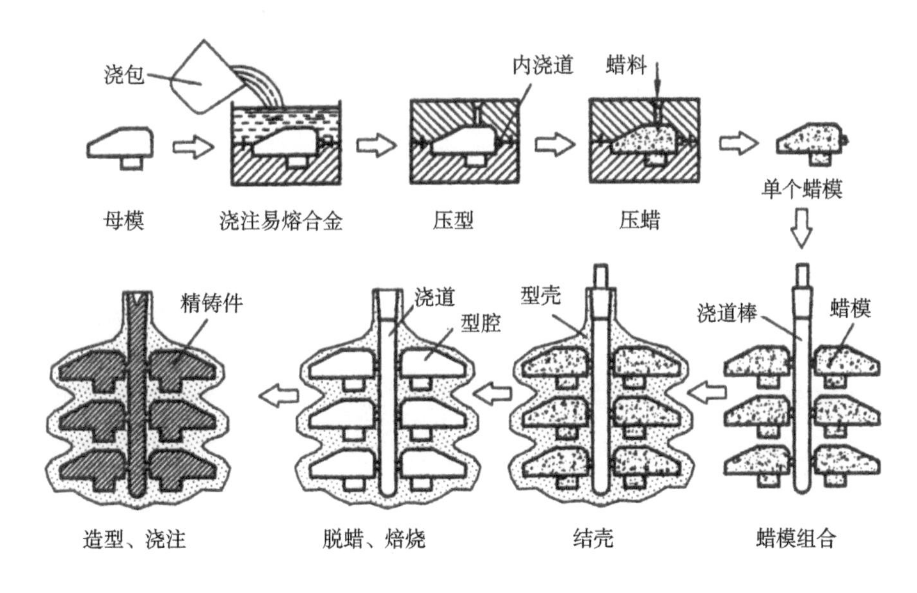

图 2-5　熔模铸造工艺过程

用硅橡胶制作压型时，将母模均匀的刷上一层硅橡胶，然后贴一层纱布，如此反复 5 至 6 次，视铸件的大小决定。外层用石膏固定，待硅橡胶模固化后，取出母模，即翻制得硅橡胶模压型，

(3) 制作蜡模　制造蜡模的材料有石蜡、蜂蜡、硬脂酸和松香等，常用50%石蜡和硬脂酸的混合料。将熔化好的蜡料倒入压型内，同时不断地翻转压型，使蜡料均匀形成蜡模，待蜡料冷却后便可从压型中取出，修毛刺后即得蜡模。批量生产时则将多个蜡模组装成蜡模组。

使用蜡棒粘接蜡模制作浇注流道，浇注流道要有浇注口和出口。

(4) 制作型壳　在蜡模上均匀地刷一层耐火涂料（如水玻璃溶液），撒一层耐火砂，使之硬化成壳。如此反复涂 3 ~ 4次，便形成具有一定厚度的由耐火材料构成的型壳（撒耐火砂先细后粗）。

(5) 脱蜡　将制作好的型壳放入炉中烘烤，将蜡模熔化流出并回收，从而得到一个中空的型壳。

(6) 焙烧和造型　将型壳进行高温焙烧，以增加型壳强度。为进一步提高型壳强度，防止浇注时型壳变形或破裂，可将型壳放在箱体中，周围用干砂填充。

(7) 浇注　将型壳保持一定温度，浇注金属液。

(8) 脱壳　待金属液凝固后，去除型壳，切去浇口，清理毛刺，获得所需铸件。

熔模铸造尺寸精确，铸件表面光洁、无分型面，不必再加工或少加工。熔模铸造工序较多，生产周期较长，受型壳强度限制，铸件重量一般不超过 25 kg。它适用于多种金属及合金的中小型、薄壁、复杂铸件的生产。图 2-6 为熔模铸造产品。

图 2-6　熔模铸造产品

3. 金属型铸造

用金属材料制作铸型进行铸造的方法，又称永久型铸造或硬型铸造。铸型常用铸铁、铸钢等材料制成，可反复使用，直至损耗。金属型铸造所得铸件的表面粗糙度值小，尺寸精度优于砂型铸件，且铸件的组织结构致密，力学性能较高。它适用于批量大、生产形状简单、壁厚较均匀的中小型有色金属铸件和铸铁件的生产。图 2-7 为金属型铸造产品。

图 2-7　金属型铸造产品

4. 压力铸造

简称压铸，属于精密铸造方法。在压铸机上，用压射活塞以较高的压力和速度将压室内的金属液压射到模腔中，并在压力作用下使金属液迅速凝固成铸件的铸造方法。压铸法生产的铸件尺寸精确、表面光洁、组织致密，适合生产形状复杂、轮廓清晰、薄壁深腔的零件，并能使铸件表面获得清晰的花纹、图案及文字等。由于模具寿命原因，压力铸造主要用于低熔点合金的铸造，如锌、铝、镁、铜及其合金等铸件的生产。图 2-8 为压力铸造产品。

图 2-8　压力铸造产品

四种铸造方法的特征比较见表 2-2 。

表 2-2　各种铸造方法的比较

比较项目	砂型铸造	熔模铸造	金属型铸造	压力铸造
使用的金属范围	各种铸造合金	以碳钢、合金为主	各种铸造合金，但以有色金属为主	多用于有色金属
使用铸件的大小及质量范围	不受控制	一般小于 25 kg	中、小铸件、铸钢件可至数吨	中、小件
使用铸件的最小壁厚（单位为 mm）	铝合金 >3；铸铁 >3 ~4；铸钢 >5	通常 0.7；孔 ϕ1.5 ~2	铝合金；铸铁 >3 ~4；铸钢 >5	铜合金 >2；其他合金 >0.5 ~1；螺纹及孔 ϕ >0.7

（续）

比较项目	砂型铸造	熔模铸造	金属型铸造	压力铸造
铸件的结晶组织	晶粒粗大	晶粒粗大	晶粒细	晶粒细
生产率（一般机械化程度）	低、中	中	中	高
小量生产时的适应性	最好	良	良	不好
大量生产的适应性	良	良	良	最好
模型或铸型制造成本	最低	较高	中等	最高
铸件的切削加工量	最大	较小	较大	最小
金属利用率	较差	较差	较好	较差
切削加工费用	中等	较小	较小	最小
设备费用	较高（机器造型）	较高	较低	较高
应用举例	各类铸件	刀具、动力机械叶片、汽车、拖拉机零件、测量仪器、电信设备、计算机零件等	发动机零件、飞机、汽车、拖拉机零件、电器、农业机械零件、民用器皿	汽车、拖拉机、计算机、电器、仪表照相器材、国防工业等零件

（二）金属塑性加工

金属塑性加工又称金属压力加工。压力加工技术的应用使金属突然之间可以像塑料一般任人揉捏而变成任何神奇的形状，迸发新的美感（见图2-9）。由于金属键没有方向性，金属表现出良好的承受塑性变形能力。

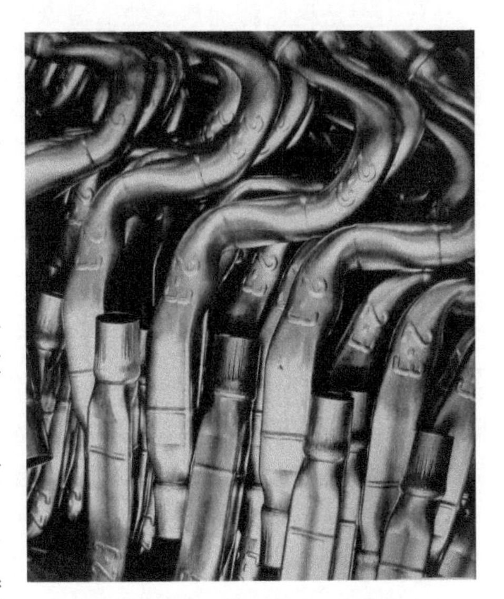

图2-9　压力变形的金属管

金属塑性加工是在外力作用下，金属坯料发生塑性变形，从而获得具有一定形状、尺寸和力学性能的毛坯或零件的加工方法。

金属塑性加工在成形的同时，能改善材料的组织结构和性能，用塑性成形工艺制造的金属零件，其晶粒组织较细，没有铸件那样的内部缺陷，其力学性能优于相同材料的铸件。所以，一些要求强度高、抗冲击、耐疲劳的重要零件，多采用塑性成形工艺来制造。但与铸造成形工艺相比，塑性成形工艺一般较难以获得形状复杂，特别是一些带复杂内腔的零件，不宜于加工脆性材料或形状复杂的制品，适于专业化大规模生产。

金属塑性加工按加工方式分为锻造、轧制、挤压、拔制和冲压加工。随着生产技术的发展，综合性的金属塑性加工应用越来越广泛。

1. 锻造（又称锻压）

锻造是常用的塑性加工方法。锻造是利用手锤、锻锤或压力设备上的模具对加热的金属坯料施力，使金属材料在不分离条件下产生塑性变形，以获得形状、尺寸和性能符合要求的零件。

锻造过程不仅可以满足所需工件的成形要求，也可以显著改善金属的组织结构，使工件组织致密，提高强度。为了使金属材料在高塑性下成形，通常锻造是在热态下进行，因此锻造也称为热锻。锻造按成形是否用模具通常分为自由锻（见图 2-10）和模锻（见图2-11）。

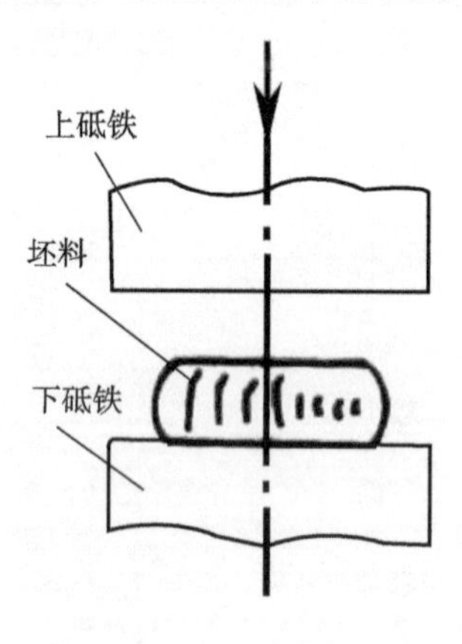

图 2-10　自由锻示意图

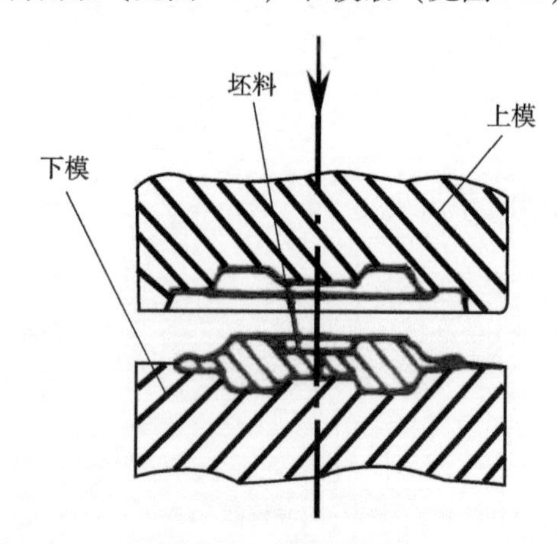

图 2-11　模锻示意图

自由锻是将坯料加热至锻造温度，放置在铁砧上用锻锤锤打，在锻打过程中坯料的变形不受限制，获得工件的形状、尺寸主要取决于工人的操作水平。自由锻主要适于加工和生产形状简单、无高尺寸精度要求、单件小批量的锻件。

模锻是利用锻模进行锻造成形的一种锻造工艺方法，是将金属材料在锻模模膛内产生塑性变形而获得的模锻件。锻造过程中，坯料在模膛内受压力变形，由于模膛对金属坯料变形流动的限制，锻造完成时能获得与模膛形状一致的锻件。模锻的生产效率高，模锻件的尺寸较精确，表面光洁，可节约金属，减少材料和切削加工成本，适于批量生产，但其生产成本较高，因受模锻设备吨位的限制，故模锻成形工艺一般只适合 150kg 以下的锻件选用，不适于生产质量大的锻件。图 2-12 为锻压产品。

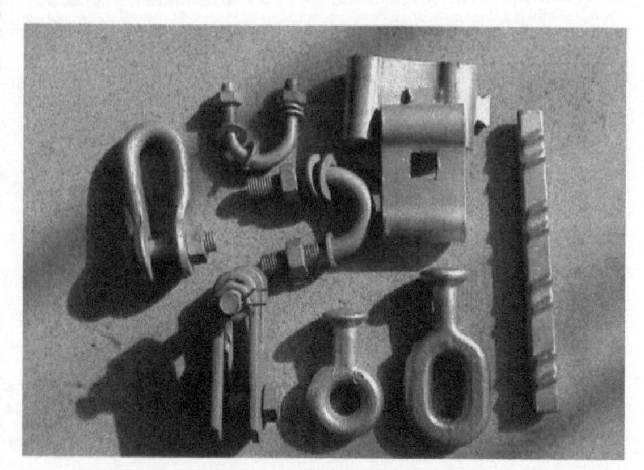

图 2-12　锻压产品

2. 轧制

金属塑性加工工艺之一。利用两个旋转轧辊的压力使金属坯料通过一个特定空间产生塑性变形，以获得所要求的截面形状并同时改变其组织性能（见图 2-13）。通过轧制可将钢坯加工成不同截面形状的原材料，如圆钢、方钢、角钢、T 字钢、工字钢、槽钢、Z 字钢、钢轨等。按轧制方式分为横轧、纵轧和斜轧；按轧制温度分为热轧和冷轧。热轧是将材料加热到再结晶温度以上进行轧制，热轧变形抗力小，变形量大，生产效率高，适合轧制较大断面尺寸、塑性较差或变形量较大的材料。冷轧则是在室温下对材料进行轧制。与热轧相比，冷轧产品尺寸精确，表面光洁，机械强度高。冷轧变形抗力大，变形量小，适于轧制塑性好、尺寸小的线材、薄板材等。图 2-14 为轧制钢板。

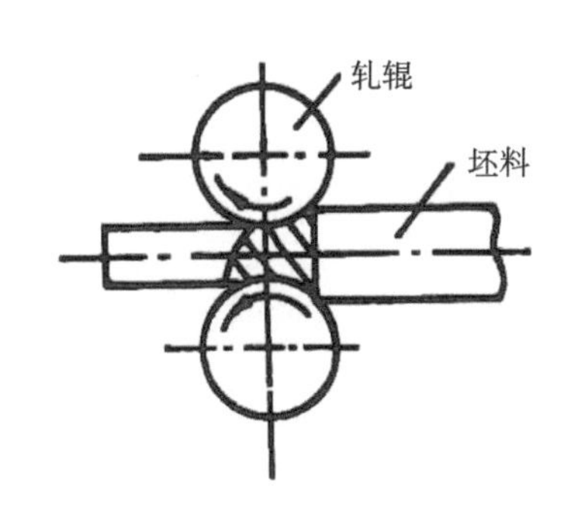

图 2-13　轧制工艺示意图

图 2-14　轧制钢板

3. 挤压

挤压是一种生产率高、少或无切削加工的新工艺，是将金属坯料放入挤压筒内，用强大的压力使坯料从模孔中挤出从而获得符合模孔截面的坯料或零件的加工方法（见图 2-15）。

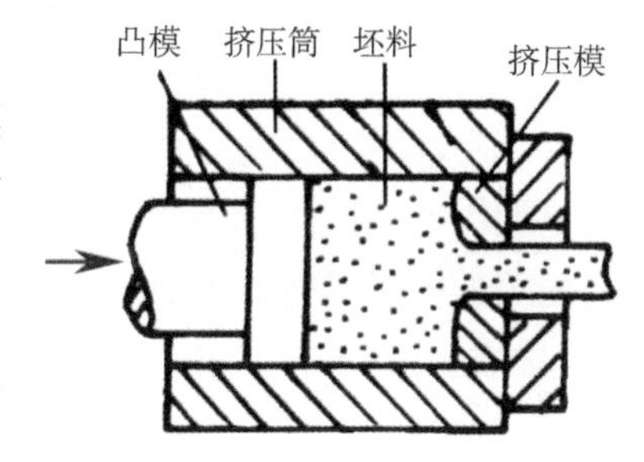

图 2-15　挤压成形示意图

挤压件尺寸精确，表面光洁，常具有薄壁、深孔、异形截面等复杂形状，一般不需切削加工，节约了大量金属材料和加工工时。此外，由于挤压过程的加工硬化作用，零件的强度、硬度、耐疲劳性能都有显著提高，有利于改善金属的塑性。

适合于挤压加工的材料主要有低碳钢、有色金属及其合金。通过挤压可以得到多种截面形状的型材或零件。

4. 拔制

拔制是金属塑性加工方法之一，利用拉力使大截面的金属坯料强行穿过一定形状的模孔，以获得所需断面形状和尺寸的小截面毛坯或制品的工艺过程（见图 2-16）。拔制生产主要用来制造各种细线材、薄壁管及各种特殊几何形状的型材。拔制产品尺寸精确，表面光洁并具有一定力学性能。拔制成形多用来生产管材、棒材、线材和异型材等。低碳钢及多数有色金属及合金都可采用拔制成形。

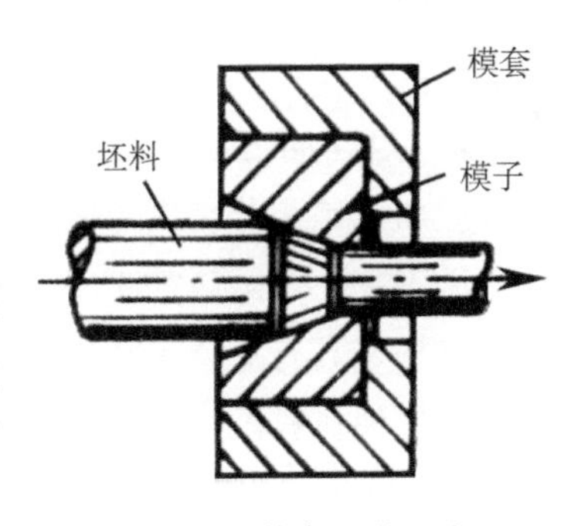

图 2-16　拔制工艺示意图

5. 冲压

金属塑性加工方法之一，又称板料冲压。在压力作用下利用模具使金属板料分离或产生塑性变形，以获得所需工件的工艺方法（见图 2-17）。按冲压加工温度分为热冲压和冷冲压，前者适合变形抗力高、塑性较差的板料加工；后者则在室温下进行，是薄板常用的冲压方法。

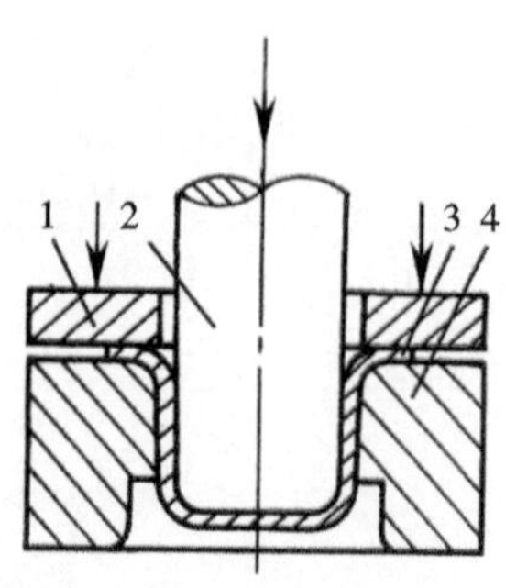

图 2-17　冲压成形示意图
1—压板　2—凸模
3—坯料　4—凹模

冷冲压可以制出形状复杂、质量较小而刚度好的薄壁件，其表面品质好，尺寸精度满足一般互换性要求，而不必再经切削加工。由于冷变形后产生加工硬化的结果，冲压件的强度和刚度有所提高。冷冲压易于实现机械化与自动化，生产率高，成品合格率与材料利用率均高，所以冲压件的制造成本较低。但薄壁冲压件的刚度略低，对一些形状、位置精度要求较高的零件，冲压件的应用就受到限制。由于冲压模具费用高，故冲压件只适于成批或大量生产，广泛用于汽车、飞机、电机、电器、仪表、玩具与生活日用器皿等生产领域。

按冲压加工功能分为冲裁加工和成形加工：

冲裁加工又称分离加工，包括冲孔、落料、修边、剪裁等。

成形加工是使材料发生塑性变形，包括弯曲、拉深、卷边等。如果两类工序在同一模具中完成，则称为复合加工。

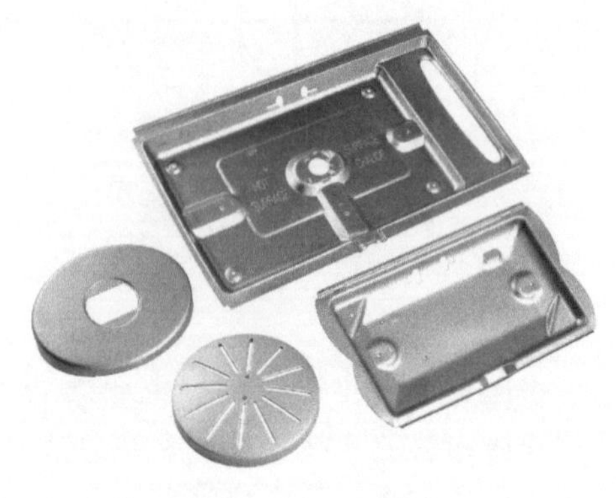
图 2-18　冲压产品

冲压加工生产效率高，产品尺寸均匀一致，表面光洁，可实现机械化、自动化，适合大批量生产，成本低，广泛应用于航空、汽车、仪器仪表、电器等工业部门和生活日用品的生产。图2-18为冲压产品。

（三）切削加工

切削加工又称为冷加工，是利用切削刀具在切削机床上（或用手工）将金属工件的多余加工量切去，以达到规定的形状、尺寸和表面质量的工艺过程。按加工方式分为车削、铣削、刨削、磨削、钻削、镗削及钳工等，是最常见的金属加工方法。图 2-19 为车削工序示意图。

（四）焊接加工

焊接加工是充分利用金属材料在高温作用下易熔化的特性，使金属与金属发生相互连接的一种工艺，是金属加工的一种辅助手段。焊接是用来形成永久连接的工艺方法。

焊接加工具有非常灵活的特点；它能以小拼大，焊件不仅强度与刚度好，且质量小；还可进行异种材料的焊接，材料利用率高；工序简单，工艺准备和生产周期短；一般不需重型与专用设备；产品的改型较方便。

金属焊接按其过程特点可分为三大类：熔焊、压焊和钎焊。

熔焊是指焊接过程中，将焊接接头加热至熔化状态，不加压力完成连接的方法。

压力焊是将焊件组合后，用一定的方式施加压力，并使焊接接头加热至熔化或热塑性状态，完成连接的方法。

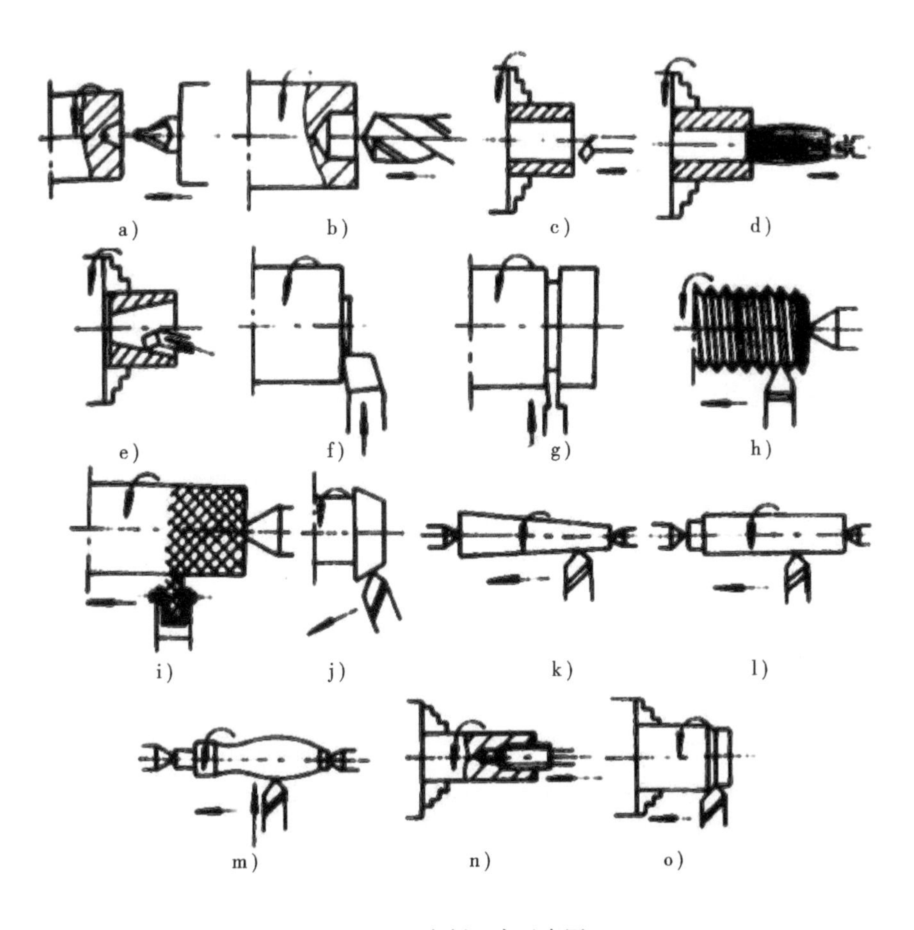

图 2-19　车削工序示意图

a）钻中心孔　b）钻孔　c）镗孔　d）铰孔　e）镗内锥孔　f）车端面　g）车槽　h）车螺纹
i）滚花　j）车短锥面　k）车长锥面　l）车圆柱面　m）车特形面　n）攻内螺纹　o）车外圆

钎焊是在焊接界面间放置钎料，钎料的熔点低于被焊件并与被焊件有良好的润湿性，焊接时加热到低于焊件熔点高于钎料熔点的温度，利用液态钎料润湿母材，填充焊接接头间隙并与母材相互扩散，完成连接的方法。常用的焊接方法如图 2-20 所示。

二、金属材料的热处理

热处理是指在一定的介质或气氛中通过对工件进行加热、保温和冷却的工序处理，改变工件材料内部的组织结构，从而获得工件所需性能的工艺方法。根据热处理时加热冷却规范的基本特点及其对组织性能的影响，金属热处理可分为普通热处理、表面热处理和特殊热处理。

1. 普通热处理

普通热处理是指将工件或材料整体在空气下进行加热、保温、冷却工序的处理。普通热处理包括退火、正火、淬火和回火处理（见图2-21）。

1）退火是将金属加热到临界温度（Ac_3或 Ac_1）以上，保温一段时间后，以较慢的速度冷却，使其组织结构接近均衡状态，从而消除或减少内应力，均化组织和成分，有利于加工作业。

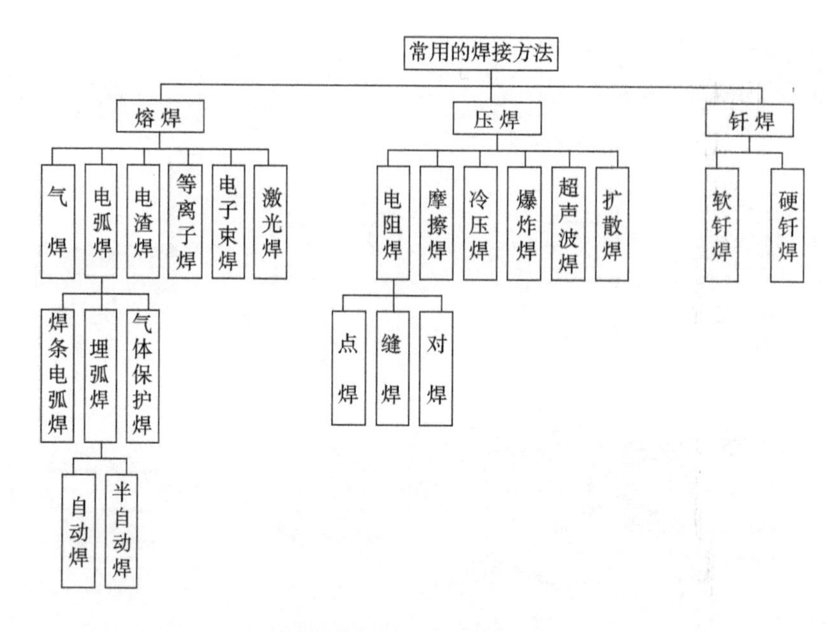

图 2-20　常用的焊接方法

2）正火是将金属加热到临界温度以上保温后，在空气中进行冷却，是一种特殊的退火处理；与退火相比，正火的冷却速度较快，转变温度较低，获得的组织较细，正火处理后，钢的强度硬度较高。

3）淬火是将金属加热至临界温度以上，保温后快速冷却至室温，以达到强化金属组织，提高金属的强度、硬度等力学性能；淬火后得到的组织一般具有很高的硬度和强度，但塑性、韧性差，且组织不稳定，一般不宜直接使用，必须进行回火处理，进行组织性能调整，得到有良好硬度、强度、塑性、韧性配合的综合力学性能。

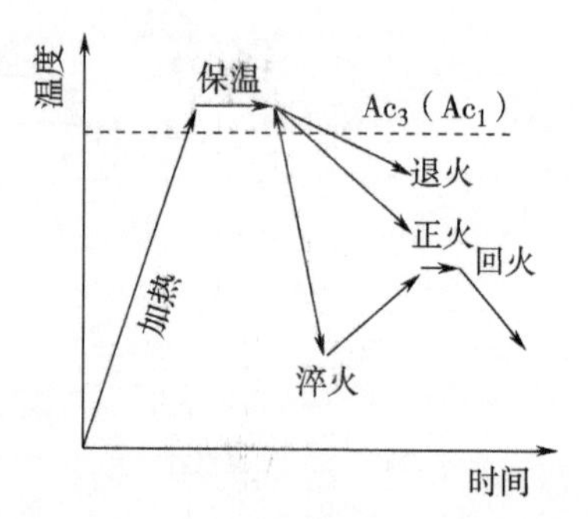

图 2-21　普通热处理加热、冷却过程

4）回火是将淬火后的金属重新加热，再进行保温冷却。其目的是为了消除淬火应力，以达到所要求的组织和性能。

2. 表面热处理

它又称表面强化处理，是对工件或材料表面进行加热、保温、冷却工序的处理过程。表面热处理包括表面淬火和化学热处理。

1）表面淬火是通过快速加热金属表面层至所要求的温度，然后进行淬火，以提高金属表面的硬度和耐磨性；通常此法适用于中碳钢或中碳合金钢，通过处理可达到表面具有高的强度、硬度、耐磨性，而心部却具有足够的韧性和塑性。

2）化学热处理是将金属工件置于一定活性介质中加热保温，使介质元素渗入工件表面，改变其表面的化学成分和组织结构，使表面达到预期要求的性能。常用的化学热处理包括渗碳、渗氮、碳氮共渗（又称氰化）、渗硼和渗金属。

3. 特殊热处理

特殊热处理是利用一些特殊工艺方法进行热处理，通常有真空热处理、形变热处理、磁场热处理等。

三、金属材料的表面处理技术

金属材料或制品的表面受到大气、水分、日光、盐雾霉菌和其他腐蚀性介质等的侵蚀作用，会引起金属材料或制品失光、变色、粉化、生锈、开裂从而遭到损坏。金属材料表面处理及装饰的功效一方面是保护作用，另一方面是装饰作用。

（一）金属材料的表面前处理

在对金属材料或制品进行表面处理之前，应有表面预处理工序，以使金属材料或制品的表面达到可以进行表面处理的状态。金属制品表面预处理工艺和方法很多，其中主要包括有金属表面的机械处理、化学处理和电化学处理等。

机械处理是通过切削、研磨、喷砂等加工清理制品表面的锈蚀及氧化皮等，将表面加工成平滑或具有凹凸模样；化学处理的作用主要是清理制品表面的油污、锈蚀及氧化皮等；电化学处理则主要用以强化化学脱脂和浸蚀的过程，有时也可用于弱浸蚀时活化金属制品的表面状态。

（二）金属材料的表面装饰技术

金属材料表面装饰技术是保护和美化产品外观的手段，主要分为表面着色工艺和肌理工艺。

1. 金属表面着色工艺

金属表面着色工艺是采用化学、电解、物理、机械、热处理等方法，使金属表面形成各种色泽的膜层、镀层或涂层。

（1）化学着色　在特定的溶液之中，通过金属表面与溶液发生化学反应，在金属表面生成带色的基体金属化合物膜层的方法。

（2）电解着色　在特定的溶液中，通过电解处理方法，使金属表面发生反应而生成带色膜层。

（3）阳极氧化染色　在特定的溶液中，以化学或电解的方法对金属进行处理，生成能吸附染料的膜层，在染料作用下着色，或使金属与染料微粒共析形成复合带色镀层。染色的特征是使用各种天然或合成染料来着色，金属表面呈现染料的色彩。染色的色彩艳丽，色域宽广，但目前应用范围较窄，只限于铝、锌、镉、镍等几种金属（见图 2-22）。

图 2-22　铝材的阳极氧化

（4）镀覆着色　采用电镀、化学镀、真空蒸发沉积度和气相镀等方法，在金属表面沉积金属、金属氧化物或合金等，形成均匀膜层（见图 2-23）。

（5）珐琅着色　在金属表面覆盖玻璃质材料，经高温烧制形成膜层（见图 2-24）。

（6）涂覆着色　采用浸涂、刷涂、喷涂等方法，在金属表面涂覆有机涂层（见图 2-25）。

（7）热处理着色　利用加热的方法，使金属表面形成带色氧化膜。

（8）传统着色技术　包括做假锈、汞齐镀、热浸镀锡、鎏金、鎏银以及亮斑等。

图 2-23　表面镀铬水龙头

图 2-24　珐琅花瓶

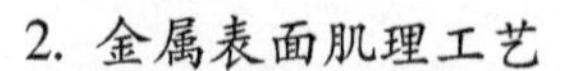

2. 金属表面肌理工艺

金属表面肌理工艺是通过锻打、刻划、打磨、腐蚀等工艺在金属表面制作出肌理效果。

（1）表面锻打　使用不同形状的锤头在金属表面进行锻打，从而形成不同形状的点状肌理，层层叠叠，十分具有装饰性（见图 2-26）。

图 2-25　表面涂饰的书架

（2）表面抛光　利用机械或手工以研磨材料将金属表面磨光的方法。表面抛光又有磨光、镜面、丝光、喷砂等效果。根据表面效果的不同，使用的工具和方法也不尽相同。

（3）表面镶嵌　在金属表面刻画出阴纹，嵌入金银丝或金银片等质地较软的金属材料，然后打磨平整。效果非常纤巧华美。

（4）表面蚀刻　使用化学酸进行腐蚀而得到的一种斑驳、沧桑的装饰效果（见图 2-27）。具体方法如下：首先金属表面涂上一层沥青，接着将设计好的纹饰在沥青上刻画，使需腐蚀部分的金属露出，然后浸入腐蚀液中或喷刷腐蚀液进行腐蚀。通常，小型制作选择浸入式腐蚀，在进行腐蚀操作时一定要注意安全保护。

图 2-26　表面锻打处理的盘子

图 2-27　表面蚀刻的餐具

第三节　设计中常用的金属材料

一、钢铁材料

工业上应用最广泛的金属材料是钢铁材料，它的产量大约占金属材料总产量的90% 以上。钢铁材料之间主要的区别是碳的质量分数不同，根据碳的质量分数多少，钢铁材料可分为三大类，即纯铁（$w_C \leqslant 0.0218\%$）；钢（$0.0218\% \leqslant w_C < 2.11\%$）和铸铁（$w_C \geqslant 2.11\%$）。

（一）工业纯铁

工业纯铁中含有微量碳（$w_C \leqslant 0.0218\%$），含有0.1% ~0.2% 的杂质，工业纯铁虽然塑性很好，但强度低，很少用它作结构材料和外观材料。

（二）钢

钢的含碳量为0.0218% ~2.11% 的铁碳合金，另含有少量Si、Mn、P、S等元素。

钢的种类繁多，可按多种分类方法进行分类：

按化学组成可分为碳素钢和合金钢。

按质量（磷、硫杂质含量）可分为普通钢、优质刚和高级优质钢。

按用途可分为结构钢、工具钢和特殊性能钢（如不锈钢、耐热钢、耐磨钢等）。

按化学成分可分为碳素钢和合金钢两大类。

1. 碳素钢

碳素钢又称碳钢，其碳的质量分数低于2.11% 的铁碳合金，除铁、碳及限量以内的硅、锰、磷、硫、氧等杂质外，不含其他合金元素。碳作为钢中的主要元素，其含量对钢的组织结构和性能有决定性影响。通常碳的质量分数增加，钢的强度、硬度增大，塑性、韧性和焊接性降低。

碳素钢按碳的质量分数可分为：

低碳钢（碳的质量分数0.25% 以下）——低碳钢具有低强度、高塑性、高韧性及良好的加工性和焊接性，适合制造形状复杂和需焊接的零件和构件。

中碳钢（碳的质量分数0.25% ~0.6%）——中碳钢具有一定的强度、塑性和适中的韧性，经热处理而具有良好的综合力学性能，多用于制造要求强韧性的齿轮、轴承等机械零件。

高碳钢（碳的质量分数0.6% 以上）——高碳钢具有较高的强度和硬度，耐磨性好，塑性和韧性较低，主要用于制造工具、刃具、弹簧及耐磨零件等。

碳素钢是一种用量大、用途广的金属材料，多制成不同规格的板材、管材、型材、线材及铸件，广泛用于建筑、桥梁、车辆、化工等各领域。

2. 合金钢

合金钢是以碳素钢为基础适量加入一种或几种合金元素的钢，具有较高的综合力学性能和某些特殊的物理、化学性能。合金元素可改善钢的使用性能和工艺性能，常用的有硅、锰、铬、镍、钼、钨、钛、硼等。如Cr可使钢的耐磨性、硬度和高温强度增加；Ni可使钢材的低温冲击韧度、耐蚀性增加、主要用作强韧钢、耐酸钢等；Mn可增加高温的抗拉强度和硬度，Cr的合金钢可作强韧钢，Si的合金钢可作弹簧钢，S的合金钢可作易切削钢；Si可使钢的耐热性、耐蚀性增加，增加低合金钢的强度，改善电磁性能，可用作强韧钢、弹簧钢以及电气用的硅钢板。

合金钢按合金元素总的质量分数分为低合金钢（总的质量分数5%以下）、中合金钢（总的质量分数5%~10%）和高合金钢（总的质量分数10%以上）；

合金钢按合金元素种类分为铬钢、镍钢、锰钢、硅钢、铬镍钢、锰硅钢等。

3. 常用钢材的品种及用途

钢材是用钢坯或钢锭加工而成的具有一定形状和尺寸的成品材料，通常分为型钢、钢板、钢管、钢丝等4大类，可采用轧制、挤压、拉拔、焊接、冷弯等工艺加工，广泛用于各工业部门。

（1）型钢　具有一定几何形状截面，且长度和截面周长之比相当大的直条钢材。按生成方法可分为热轧型钢、弯曲型钢、挤压型钢、拔制型钢和焊接型钢等；按截面形状可分为圆钢、方钢、扁钢、六角钢、角钢、工字钢、槽钢和异形钢等。型钢的规格常以反映截面形状的主要轮廓尺寸来表示（见图2-28）。

图2-28　各种截面形状的截面形状型钢

（2）钢板　用钢坯或钢锭轧制而成，且宽厚比很大的矩形板材。按生成方法可分为热轧钢板和冷轧钢板。按质量分为普通钢板、优质钢板和复合钢板。按表面处理方式分为镀层钢板和涂层钢板。按厚度分为薄钢板（厚度小于4mm）、厚钢板（厚度4~60mm）和特厚钢板（厚度大于60mm）。钢板可按要求剪裁、弯曲、冲压和焊接成各种构件和产品。

普通薄钢板是用热轧或冷轧方法生产的厚度在4mm以下的钢板，它可直接使用，也可经加工处理后使用，常见的薄钢板品种有：

图2-29　钢带

1）钢带　钢带又称带钢，是长而窄的薄钢板，大多成卷供应（见图2-29）。宽度在600mm以下的称为窄带钢，超过600mm的称为宽带钢。它分为热轧带钢和冷轧带钢。前者在热轧机上轧制，厚度1~6mm，主要做为冷轧用带钢以及焊缝钢管、冷弯和焊接型钢的原料，后者用热轧带钢再冷轧而成，厚度0.1~3mm，具有表面光洁、平整，尺寸精度高，力学性能好等优点，大多加工成涂层带钢，供汽车、洗衣机、电冰箱外壳等冲压件用。冷轧带钢还广泛用于制造焊缝钢管、弹簧、锯条、刀片及各种冲压制品。

2）镀涂钢板　在具有良好深冲压性能的低碳钢板表面镀覆锡、锌、铝、铬等金属保护层或涂覆有机涂层、塑料等非金属保护层的制品。它包括镀锌钢板、镀锡钢板、无锡钢板、镀铝钢板及有机涂层钢板等，镀涂钢板既有钢板的强度、加工成形性能，又具有良好的抗蚀性和外观装饰性，在工业上广泛使用。

① 镀锌钢板　表面镀锌的低碳钢板，又称镀锌铁皮或白铁皮。镀锌薄钢板表面有明显的鱼鳞或树枝状结晶锌花，对空气和水具有较好的耐蚀能力，能有效地防止钢材腐蚀，延长使用寿命。镀锌方法分为热浸镀锌和电镀法。镀锌钢板有良好的焊接性和加工成形性，是镀涂钢板中价格最便宜，应用最广的一种，广泛用于建筑、车辆、家电、日用品等行业（见图 2-30）。

② 镀锡钢板　表面镀有纯锡层的低碳钢薄板，俗称马口铁。镀锡方法有热镀和电镀两种。镀锡钢板具有良好的耐蚀性、焊接性，深冲压时有润滑性，表面金属光泽强，光滑美观，并能进行精美的印刷和涂饰，广泛用来制作罐头盒、食品容器及轻便耐蚀器皿等（见图 2-31）。

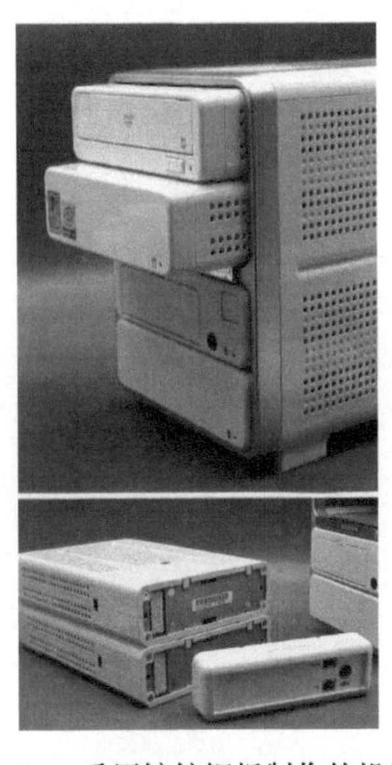
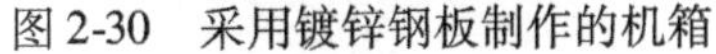

图 2-30　采用镀锌钢板制作的机箱

图 2-31　采用镀锡钢板制作的罐体

③ 无锡钢板　不镀锡却可替代镀锡钢板使用的薄钢板，一般采用电解铬酸法处理钢板表面。先在低碳钢板表面镀一层金属铬，然后再镀铬的水合氧化物。无锡钢板生产成本低，可代替镀锡钢板，用作啤酒、饮料等罐装包装材料。

④ 镀铝钢板　镀铝钢板是一种表面镀有纯铝或含硅量为 5% ~10% 铝合金的覆层钢板，多用热镀法、电泳法和真空蒸镀法生产。它具有良好的抗高温氧化性、热反射性和优异的耐大气腐蚀性（可抵抗二氧化硫、硫化氢和二氧化氮等气体的腐蚀），多用作汽车排气系统、耐热部件及建筑材料等（见图 2-32）。真空蒸镀铝钢板可作为罐体、瓶盖等包装材料，部分代替镀锡钢板。

⑤ 彩色涂层钢板　彩色涂层钢板是在冷轧钢板、镀锌钢板或镀铝钢板表面涂覆有机涂料或薄膜，一般采用辊涂法或层压法生产制成的装饰性板材，表面可制成不同色彩和花纹图案，装饰性极强，故有彩色钢板之称（见图 2-33）。

图 2-32　镀铝钢板

图 2-33　彩色涂层钢板

彩色涂层钢板具有优异的装饰性，涂层附着力强，可长期保持新鲜色泽。既有钢板的强度，又有良好的耐蚀性、耐久性和耐擦洗性；板材加工性好，可以进行切段、弯曲（小于 90°）、钻孔、卷边等。彩色涂层钢板是生产箱、洗衣机、电器等产品的原材料。

3）花纹钢板　表面带有凹凸花纹的钢板。花纹主要起防滑和装饰作用，可经热轧、冷轧或钻切加工制成。它广泛用于造船、汽车、交通、建筑等行业。

4）不锈钢板　不锈钢是指在大气、水、酸、碱和盐溶液或其他腐蚀介质中具有高耐蚀性的合金钢的总称。在钢的冶炼过程中加入铬（Cr）、镍（Ni）等元素，形成以铬为主要辅助成分的合金钢，钢中的主要合金元素 Cr 的含量通常达 12% 以上，大大提高了钢材的耐腐蚀性能，故称之为“不锈钢”。不锈钢之所以耐腐蚀，其主要原因是铬金属的化学性质比钢铁活泼，在空气中铬首先与环境中的氧产生化学反应，生成一层与钢基体牢固结合的致密的氧化膜，称之为纯化膜，使合金钢得到保护而不致锈蚀。利用不锈钢的耐腐蚀特性，可制造在各种腐蚀介质中工作的零件或构件。

图 2-34　由不锈钢板制作的“皱褶花瓶”

不锈钢外观精美，其表面自然金属光泽呈现出美感，不锈钢经不同的表面加工可形成不同的光泽度和反射性，其装饰性正是利用了不锈钢表面的这种金属质感的光泽度与反射性，因此广泛用于日用品工业、机电工业和建筑装饰材料（见图 2-34）。

（3）钢管　钢管是中空的棒状钢材（见图 2-35），截面多为圆形，也有方形、矩形和异形。按生成方法分为无缝钢管和焊接钢管。无缝钢管采用热轧、冷轧、挤压、冷拔等方法生产，由于截面封闭无焊缝，具有较高的承载压力，适合作高强度钢

图 2-35　钢管

管、特殊钢管和厚壁钢管。焊接钢管用钢板或钢带卷曲成筒状焊接而成，表面质量好，尺寸精度高，生成效率高，成本低。按焊缝形状可分为直缝焊管和螺旋缝焊管。生产薄壁管和大直径管采用焊接方法比较方便。钢管广泛用来输送流体和制造机械结构件。

(4) 钢丝　用不同质量的热轧盘条冷拔拉制而成的线状钢材。按截面形状可分为圆形、椭圆形、三角形和异形钢丝。按尺寸分为特细（小于 $\phi0.1$mm）、较细（$\phi0.1 \sim 0.5$mm）、细（$\phi0.5 \sim 1.5$mm）、中等（$\phi1.5 \sim 3$mm）、粗（$\phi3.0 \sim 6.0$mm）、较粗（$\phi6.0 \sim 8.0$mm）、特粗（大于 $\phi8.0$mm）钢丝。按化学成分分为低碳、中碳、高碳钢丝和低合金、中合金、高合金钢丝；按表面状态分为抛光、磨光、酸洗、氧化处理和镀层钢丝等；按用途分为普通钢丝、结构钢丝、弹簧钢丝、不锈钢丝、电工钢丝、钢绳钢丝等。图 2-36 为采用镀锌低碳钢钢丝制成的回形针。

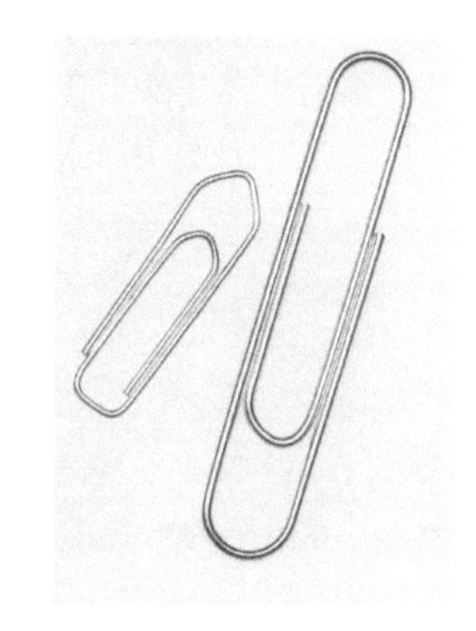

图 2-36　回形针

（三）铸铁

铸铁是一种使用历史悠久的重要工程材料，是碳的质量分数在 2.11% ~6.69% 之间的一种铁碳合金，其熔点低，具有良好的铸造性、可加工性及耐磨性和减振性，生产工艺简单，成本低廉，可用来制造各种具有复杂结构和形状的零件（见图2-37）。

图 2-37　铸铁零件

常用的铸铁材料有灰铸铁、可锻铸铁和球墨铸铁。

由于铸铁材料具有良好的力学性能、铸造成型工艺性能和低廉的价格，因此广泛用来制作机械产品的底盘、机体、外壳、支架、台座、底架等复杂的成型结构零件。

在用铸铁材料获得零件的毛坯后，经热处理、机械加工、表面涂镀等装饰处理之后，即可得到所需形状和尺寸的零件。利用铸铁材料弹性小、具有减振等特点制成力学性能要求不高，而刚性要求大的底座和摇臂；利用铸铁材料铸造工艺性能好、生产工艺简单、易于切削加工等性能，制成内部结构复杂而又具有流畅、圆润外形的主轴箱体外壳。铸铁材料加工表面的银灰色有其刀具痕迹和不加工表面涂覆处理的色彩，以及电镀表面的光泽，相互辉映，构成了机械产品特有的色彩和肌理效果。

二、有色金属材料

除钢铁以外的金属材料都叫做有色金属材料。有色金属的分类，各个国家并不完全统一。通常按有色金属的性能特征和化学成分来分类。

按有色金属的化学成分分为铝及铝合金、铜及铜合金、其他金属及合金。

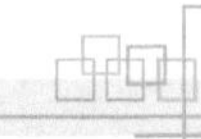

按有色金属的性能特征分为五大类：轻有色金属；重有色金属；稀有金属；贵金属；半金属。

（一）铝及铝合金

铝及铝合金是工业用量最大的有色金属，是一种常用的现代材料（见图2-38）。

图2-38 采用铝合金材料生产的奥迪车体

1. 铝

纯铝密度小，约为2.7 g/cm³，相当于铜的三分之一，属轻金属，熔点660℃；铝的导电、导热性优良，仅次于铜，其导电率约为铜的64%；铝在结晶后具有面心立方晶格，具有很高的塑性，可进行各种塑性加工；纯铝为银白色，在大气中铝与氧的亲合力很大，能形成一层致密的三氧化二铝氧化膜，隔绝空气防止进一步氧化，因此在大气中有良好的抗氧性，但氯离子和碱离子能破坏铝的氧化膜，不耐酸、碱、盐的腐蚀。

图2-39 铝合金型材

2. 铝合金

铝合金是以铝为基加入其他合金元素（铜、硅、镁、锌、锰、镍等）而组成的合金。铝合金质轻、强度高，比强度值接近或超过钢，具有优良的导电、导热性和耐蚀性，易加工，耐冲压并且可阳极氧化成各种颜色。

常见铝合金品种有铝合金型材、铝合金装饰板等。

（1）铝合金型材　利用塑性加工可将铝合金坯锭加工成不同断面形状及尺寸规格的铝材（见图2-39）。按断面形状分为角、槽、丁字、工字、Z字等几大类别，而每一类别又有若干品种，如角型材分为直角、锐角、钝角、带圆头、异形等。铝合金型材采用挤压法和轧制法生产，无论哪种复杂的断面形式及规格均可一次挤压成形，具有轻质、高强、耐磨、耐磨蚀、刚度大等特点，不仅有装饰作用，而且具有一定的承重作用，型材经氧化着色处理或喷涂处理后可得到各种雅致的色泽，具有良好的装饰性，广泛用作产品造型材料、展示材料、门窗框体材料、墙面和吊顶骨架支承材料等。

图2-40 用铝合金板制作的盖体

（2）铝合金装饰板　铝合金板材经辊压、冷弯等工艺制成的具有一定形状的装饰板（见图2-40），表面经阳极氧化、喷漆、覆膜或精加工等处理可获得各种色彩或肌理。铝合金装饰板质轻，耐久性和耐蚀性好，不易磨损，造型优美，安装方便。铝及铝合金装饰板是现代流行的新型、高档的装饰材料，广泛用于内外墙、屋面室内天棚的装饰，以其特有的光泽质感丰富着现代城市环境艺术的语汇。

铝板的种类繁多，常用的有铝塑复合板、单层彩色压型板、铝合金花纹板、铝质浅花纹板、冲孔吸声板等，广泛用作建筑物墙面、屋面装饰材料和展示材料。

（二）铜及铜合金

铜及铜合金是历史上应用最早的有色金属，工业上常用的有纯铜、黄铜、青铜、白铜等。

1. 纯铜

纯铜具有玫瑰色，表面氧化后呈紫色，故又称紫铜。纯铜的熔点为1083℃，密度8.9 g/cm^3，具有面心立方晶格。

图2-41 纯铜带

纯铜质地柔软有极好的延展性（见图2-41），具有良好的加工性和焊接性，易冷、热加工成形，可辗压成极薄的铜箔，拉制成极细的铜丝；纯铜的导电、导热性极好，仅次于银，抗磁性强，常用作电工导体和各种防磁器械等。铜在干燥洁净的空气中不受腐蚀。但空气中含有SO_2、H_2S、CO_2、Cl_2时，铜的表面会形成多种铜的氧化物，即绿色的铜锈，称铜绿。铜绿能增加建筑物和工艺美术品的历史感，还能起到减慢腐蚀速度的保护作用。铜绿可用人工方法仿制。

2. 铜合金

铜合金是以铜为基加入一定量的其他合金元素（锌、锡、铝、硅、镍等）而组成的合金。按化学组成分为黄铜、青铜、白铜；按加工方法分为变形铜合金和铸造铜合金。变形铜合金具有良好的塑性，可利用压力加工成形，制成板、带、管、棒和线材；铸造铜合金塑性差，不能进行压力加工，但铸造性良好，广泛用于生产强度高、致密性好的铸件。铸造铜合金在工艺美术方面也有广泛应用，多用于铸造仿古铜器。

（1）黄铜（Cu-Zn合金） 以锌为主要合金元素的铜合金。分为普通黄铜（仅含锌的二元合金）和特殊黄铜（含锌及其他合金元素的多元合金）。特殊黄铜具有比普通黄铜更高的强度、硬度、耐腐蚀性能和良好的铸造性能。黄铜色泽美观，具有高贵的黄金般色泽，导电导热性强，耐腐蚀性能、力学性能和工艺性能良好，易于切削、抛光及焊接，可制成板材、带材、管材、棒材和型材，用作导热导电元件、耐蚀结构件、弹性元件、冷冲压件和深冲压件、日用五金及装饰材料等（见图2-42）。黄铜是机械制造工业中应用最广的有色金属材料，有优良的塑性和加工性能，较好的耐蚀性，比纯铜有更高的强度。黄铜不仅有优良的成形加工性能，适于冷热变形，易于切削加工，焊接性能好，而且具有优异的铸造性能，非常适于铸造复杂和精致的铸造产品。

（2）青铜 除黄铜、白铜以外的其他铜基合金统称为青铜，常用的合金元素有锡、铝、硅、锰、铬等。根据合金元素种类，青铜分为普通青铜和特殊青铜。

图 2-42　采用黄铜制作的灯具和零配件

普通青铜是以锡为主要合金元素，含锡量为 5% ~ 20%，又称锡青铜（Cu-Sn 合金），其色泽呈青灰色，具有很强的抗腐蚀性，其力学性能与锡含量有关。根据成分中锡的含量，锡青铜又分为加工锡青铜和铸造锡青铜。加工锡青铜含锡量略低于 5%，具有良好的塑性，可加工成各种规格的板、带、管、棒材；铸造锡青铜含锡量 10% ~14%，质地较为坚硬，铸造性好，可用于生产形状复杂、轮廓清晰的铸件（见图 2-43）。

图 2-43　青铜铸件

特殊青铜泛指不含锡的青铜又称无锡青铜，如铝青铜、铍青铜、锰青铜等。大多数特殊青铜比普通青铜具有更高的力学性能、耐磨性和耐蚀性。

三、其他合金金属

（一）钛及钛合金

纯钛为银白色高熔点轻金属，熔点 1675℃，密度 4.54 g/cm^3，具有优良的耐蚀性和耐热性，抗氧化能力强，稳定性好，有一定的机械强度，比强度值高，塑性好，易成形加工（见图 2-44）。

钛合金是以钛为基加入适量的铬、锰、铁、铝、锡等元素而形成的多元合金。根据合金组织结构，可分为 α 钛合金、α + β 钛合金和 β 钛合金；按用途可分为耐热合金、耐蚀合金、高强合金、低温合金和特殊功能合金。钛合金的强度与优质钢相近，其比强度比任何合金都高。钛和钛合金的压力加工性能良好，多采用金属塑性加工方法制成不同规格的板、带、管、棒、线、箔和型材，易于焊接和切削加工，作为新型的结构材料，广泛用于航空、化工、机械等工业。钛和钛合金还可用作镀覆材料，具有优良的耐腐蚀性和良好的装饰性。

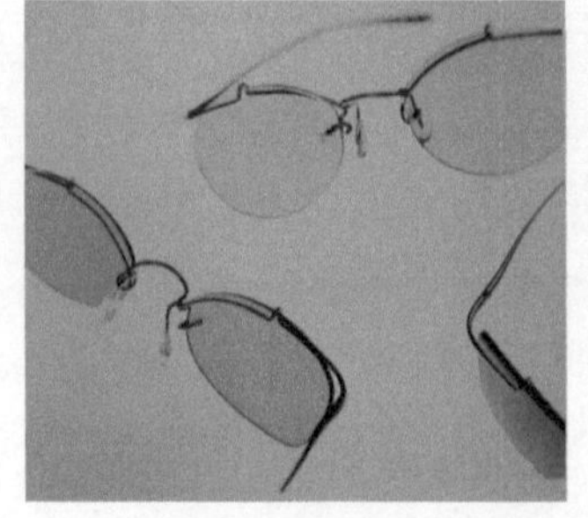
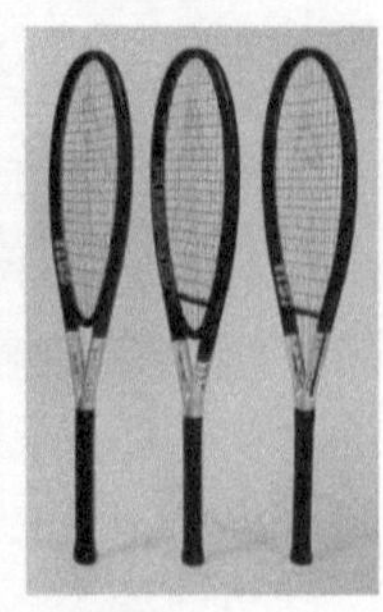

图 2-44　采用钛合金制造的镜架和球拍

（二）锡和锡合金

锡为低熔点金属，熔点231.9℃，密度（20℃）7.3 g/cm³（见图2-45）。锡耐大气腐蚀性好，化学性稳定，常用作镀层材料，如镀锡薄钢板。锡的强度和硬度低，但延展性好，易加工，可加工成箔、板、管、棒材等。锡也常作为其他合金中的合金元素。以锡为基加入其他合金元素（如锑、铅、铋、铜、砷、镍、锌等）所组成的合金，则称为锡合金。锡合金的熔点低，导热性好，耐蚀性和减摩性优良，易与铜、铜合金、铝合金焊接，可作为焊料和轴承材料。锡合金轧成片材和箔材，可用来制作电容器、电器仪表零件以及装饰品和包装材料等。

图2-45　锡合金块

（三）镁和镁合金

镁（Mg）在地球上的储量仅次于铁、铝占第三位，Mg的熔点为650℃，密度为1.74g/cm³，密度小，是Mg及其合金的主要特点。由于其密度低，Mg及其合金具有很高的比强度，有优良的抗振性能，能比铝合金承受更大的冲击载荷，还具有优秀的切削加工性能和抛光性能。

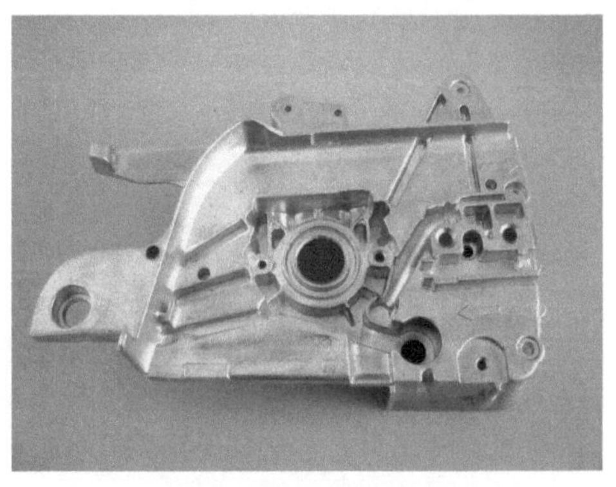

图2-46　镁合金压铸件

镁合金是航空、航天、导弹、仪表、光学仪器、计算机、通信和汽车等领域的重要结构材料（见图2-46）。采用镁合金能够减轻设备重量，提高效率，大量节约能源。手机和笔记本计算机的外壳大量采用镁合金来制造。

第四节　金属材料在设计中的应用

金属材料的自然材质美、光泽感、肌理效果构成了金属产品最鲜明、最具感染力并最有时代感的审美特征，它对人的视觉、触觉给以宏观的感受和强烈的冲击。黄金的辉煌，白银的高贵，青铜的凝重，不锈钢的亮丽……不同材质的特征属性，从不同的色彩、肌理、质地和光泽中显示其审美个性与特征。

由于金属材料的质感特征，人们对金属自然质感的表达十分偏爱，金属的制品也很好地体现了其材料本身的自然质感，甚至通过一些表面处理和加工，放大和渲染了金属的自然质感。

岁月的沧桑锈蚀在金属产品上浮起层层斑驳，然而金属材质以其天然的无可比拟的坚固性，永恒地保留下人类利用自然驾驭自然的能力和创造造型美的才华。

[设计实例]

1. U形夹剪（见图2-47）

U形夹剪是将钢条和铁条锻接到一起以形成一个复合刀片。钢提供锋利的刃口，而铁提供坚韧的有弹性的刀背。U形夹剪的制作过程是：刀口部分由低碳钢和高碳钢的组合冲压而成，刀口部分分别被焊接到一个低碳钢条的两端，通过热压形成一个大致的C形，然后打磨和用苏打及磷酸盐处理黑化，最后打磨和抛光，弯曲成U形。

2. 铸铁烛台（见图2-48）

由日本设计师五十岚威畅设计的烛台，采用传统的砂型铸造工艺制成，表面经特殊工艺处理，铸件薄且精美，造型质朴、古拙、自然，与现代大量流行的工业化批量生产的产品形成了一个鲜明的对照，给人以返璞归真的亲切感受，尤其是设计师有意识地在一些产品边缘上设计出裂痕或起伏的波纹，更使之体现出一种自然真实的有机形态特征。这种具有古典韵味又富有现代感的产品本身也自然而然给人以美的享受和憧憬。

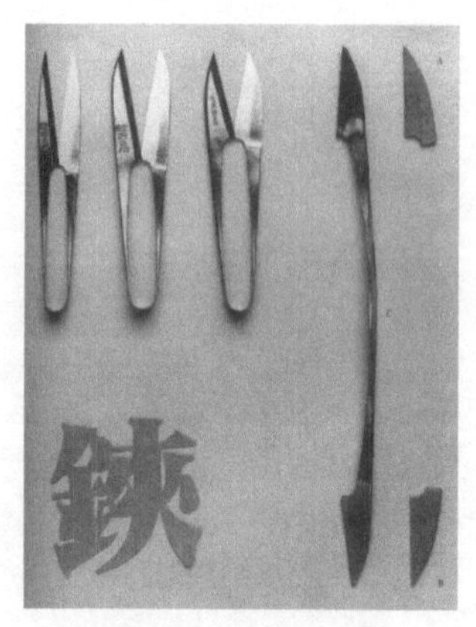

图2-47　U形夹剪

图2-48　铸铁烛台

3. ORICALCO衬衣（见图2-49）

由设计师Mauro Taliani设计的ORICALCO衬衣，由意大利Corpo Nove公司生产。这件男士衬衫采用记忆金属（50%的钛与其他合金制成的织物）制成，该记忆金属是一种能使织物纤维相对温度变化而随之作出反应的物质。被卷成团时衬衣会起皱，但遇到热空气时，比如电吹风，它就能很快松弛下来。用水洗时，它就像钢丝做成的那么硬，它的褶皱和相关信息被藏在织物的记忆中。

图2-49　ORICALCO衬衣

4. 眼镜盒（见图2-50）

该产品是林德伯格公司为其一款造型简洁独特的眼镜框专门设计的眼镜盒，采用了不锈钢材料生产。不锈钢材料通过研磨、喷砂和化学处理等工艺可达到亚光的效果。在这款设计中，研磨工艺的应用，使得眼镜盒的设计更加朴素、简洁。而利用钢材的优良弹性，实现了简便的开启功能。整个设计的理念在材料、造型和功能之间达到完美的和谐。

5. 带塞子的抛光不锈钢容器（见图2-51）

由设计师斯蒂芬·纽拜设计。该容器采用不锈钢材质制作，其加工工艺包含给不锈钢制作充气效果的工序，该工序因不使用模具而带有不确定性，每片不锈钢在这个工序中都会形成互不相同的波纹效果，所以每个容器都是一件独特设计的产品。视觉效果柔和的容器造型与其坚硬的钢质地形成了强烈的对比。抛光研磨工艺的应用使得这些容器看起来并不如我们想象的不锈钢那样坚硬，外观柔和而灵活，简直就像我们平常见到的普通枕头。

图 2-50 眼镜盒

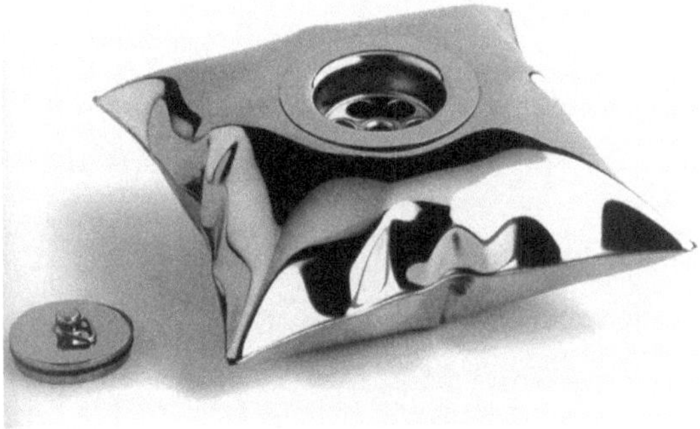

图 2-51 不锈钢容器

6. 瓦西里椅（见图 2-52）

由设计师马谢尔·布鲁耶（Marcel Breuer）设计。马谢尔·布鲁耶曾因自行车把手的启示豁然萌发了制造钢管家具的设想。1925 年，他以钢管和帆布为材料，成功地设计制造出了世界上第一张以标准件构成的钢管椅——瓦西里椅，首创了世界钢管椅的设计，突破了原有木制椅子的造型范围，以另类的声音宣告了一场家具设计的革命。由于钢管具有弹性，强度高，表面经处理后显露出的光泽，使产品造型更显得轻巧优美、华贵高雅、结构坚固、单纯紧凑，满足了良好的使用功能和审美功能。“瓦西里椅”优雅的形态和精美的结构充分表现了钢的强度与弹性等特质，勾勒出工业时代的美学特征，强调了美观决定于功能需求、材料的固有特性以及精巧的结构这三者之间的相互关系，体现出强烈的时代感和现代工业、现代材料的科学美，为钢材及其他金属之后进入家具生产的主流队伍奏响了序曲。

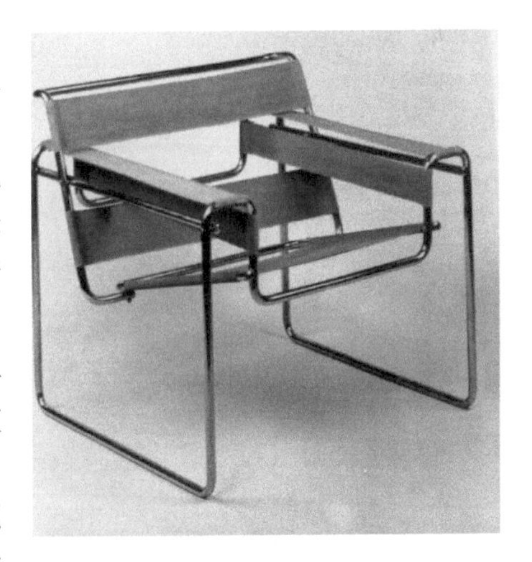

图 2-52 瓦西里椅

7. 功能铝瓶（见图 2-53）

由瑞士希格公司（SIGG Company）生产。制造水瓶的初衷只是想利用生产高档铝质平底锅时产生的边角料。但这种铝瓶历经数十年改进，从边角料走向了时尚。

结实耐用的 SIGG 铝质饮料瓶产品已经成为不着设计痕迹的典范作品。针对铝这种有延展性的金属，设计师采用了冲压这个冷加工工艺。铝瓶是由一块铝片冲压而成，因此它的整个造型只有一个冲压工艺，瓶体的稳定性非常好，同时铝这种材料也使之具有超轻的重量，便于携带。瓶的内壁喷涂一层抗氧化涂层，既保证饮料存储的安全，又防止了饮料中的酸对瓶身的腐蚀。为了让瓶体外观漂亮而充满特色，对瓶身进行了独具个性的磨砂效果涂饰，并采用丝网印刷工艺将来自全世界优秀平面设计师的图案印刷到瓶体上，使得这个功能瓶更加精制和高档次。

图 2-53　功能铝瓶

8. “柔韧度良好”的扶手椅（见图 2-54）

由设计师罗恩·阿拉德（Ron Arad）设计的扶手椅，椅子由四部分组成，造型简单明快。椅子采用 1mm 厚的优质钢板制成，钢材经回火处理，具有良好的韧性，弹性优异，具有强烈的视觉效果，给人以华丽、精致和现代之感。椅子的各部分由电脑控制激光切割器切割而成，各部分卷折后由螺钉联接而成，而不需要焊接和粘接。为了使椅子发亮的表面在搬运和使用中不留划痕，其表面覆有一层塑料膜。

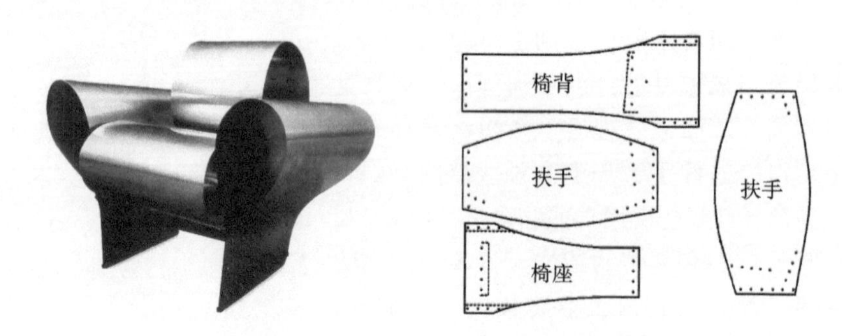

图 2-54　“柔韧度良好”的扶手椅

9. Laborious 钟（见图 2-55）

Laborious 钟造型简洁、明快。在这个产品中充分运用了各种加工和表面处理方法，不同的加工方式和工艺技巧产生了不同的效果。它采用整块不锈钢板加工而成，采用了冲孔、弯曲、切割、铆接、研磨、抛光、涂饰等工艺手段，突出了机械美所特有的力量感和现代感，并生动地表现出人类的心灵手巧和娴熟的技能，创造出丰富的视觉效果。

10. 哥根翰博物馆（见图 2-56）

由弗兰克·盖里（Frank Gehry）设计的西班牙哥根翰博物馆，被誉为“世界上最有意义、最美丽的博物馆”，集中体现了盖里后期的解构主义思想在公共建筑上的精华。博物馆的主体建筑异常的扭曲弯卷，由于造型的极度不规则，内部的钢构件没有长度完全相同的两件。最不可思议的是盖里采用昂贵的金属钛作为中央大厅的外墙包裹材料，这种设计虽然脱离了传统建筑设计所要求的功能实用性，但却具有强烈的视觉冲击效果。

图 2-55　Laborious 钟

图 2-56　哥根翰博物馆

思考题

2-1　金属材料的基本性能特征是什么？

2-2　金属的铸造性能是指什么？其铸造方法有哪几种？分析比较各种成形方法的特点和应用。

2-3　试述金属的锻造性能及其影响因素。

2-4　金属塑性成形具有什么特点？包括哪些基本方法？试述板材冲压的特点、基本工序及应用。

2-5　金属材料的机械加工包括那些方法？它们各有什么工艺特点？

2-6　简述钢的组成和分类方法。

2-7　不同碳含量的碳素钢有什么性能特点？

2-8　简述常用的各种钢板的特点和应用。

2-9　不锈钢的化学成分有何特点？不锈钢中通常加入的合金元素有哪些？它们在钢中的主要作用是什么？

2-10　铝合金的性能特征是什么？铝材有哪些品种和用途？

2-11　铜合金有哪些性能特点？如何分类？分析黄铜和锡青铜的特性和用途。

2-12　钛合金的性能特点是什么？简述钛合金的应用。

第三章 高分子材料与工艺

学习目的：了解有机高分子材料的基本概念和性能特征；掌握塑料的性能特点和成形工艺特点，认识各种常用塑料的性能和应用；把握塑料在设计中的运用特点；了解橡胶材料的基本性能和常用橡胶材料的性能特征和用途。

高分子材料是各种塑料、橡胶、纤维等有机非金属材料的总称，与金属、玻璃、陶瓷等材料相比，高分子材料是一类相对新兴的材料，但由于其自身特殊的性能以及加工、成本等方面的优势，使得高分子材料在现代产品中应用的比例越来越高。尤其是20世纪60年代以来，高分子材料在理论和实践上都得到了突飞猛进的发展，新产品层出不穷，应用范围日趋广泛。如今，高分子材料已成为人们生活和生产不可缺少的一部分，广泛应用于汽车、机械、电子电器、家用电器、医疗卫生、化工、能源、航天航空以及国防等各个领域。

第一节　高分子材料概述

高分子材料（Polymer materials）是以高分子聚合物为主要组分的材料。高分子材料具有高弹性、绝缘性、抗腐蚀性以及自润滑减摩耐磨性能，还具有质量轻、容易加工成形、原料丰富及价格低廉等特点。但是，除了绝对强度、刚度水平低外，高分子材料还存在不耐热、可燃和易老化三大缺点。高分子材料可以用作一般结构材料，电绝缘材料，耐腐蚀材料，减摩、耐磨、自润滑材料，密封材料，胶黏材料及各种功能材料。

一、高分子聚合物的组成和结构

1. 高分子聚合物的组成

高分子化合物又叫做高聚物，是由千万个原子彼此以共价键连接的大分子化合物。

高分子聚合物虽然分子量很大，但化学组成比较简单，都是由简单的结构单元以重复的方式连接而成。例如，聚乙烯是由乙烯单体聚合而成，可以写作 $[-CH_2-CH_2-]_n$，它是由许多结构单元 $[-CH_2-CH_2-]$ 重复连接的，这种重复结构单元称为“链节”，重复的次数称为“聚合度”。聚合度和高分子的分子量有如下关系：

$$M = n \times m$$

式中　M——高分子的分子量；

n——高分子的聚合度；

m——链节的分子量。

2. 高分子聚合物的结构

高分子聚合物的结构包括分子链结构和聚集态结构。

（1）分子链结构通常分为线型结构、枝链型结构和网型结构

线型结构的高分子在拉长或低温下易呈直线形状，而在较高温度下或稀溶液中，则易成蜷曲形状（见图 3-1a 和图 3-1b）。这种长链形状分子的特点是可溶和可熔。它可以溶解在一定的溶剂中，而加热时又可以熔化。基于这一特点，线型分子易于加工，可以反复使用。

枝链型结构的高分子好像一根“节上生枝”的树干一样（见图 3-1c）。它的性质和线型结构基本相同。

网型结构的高分子是在长链大分子之间有若干支链把它们交联起来，构成一种网似的形状（见图 3-1d）。如果这种支链向空间伸展的话，便得到体型大分子结构。这种聚合物在任何状况下都不熔化，也不溶解。

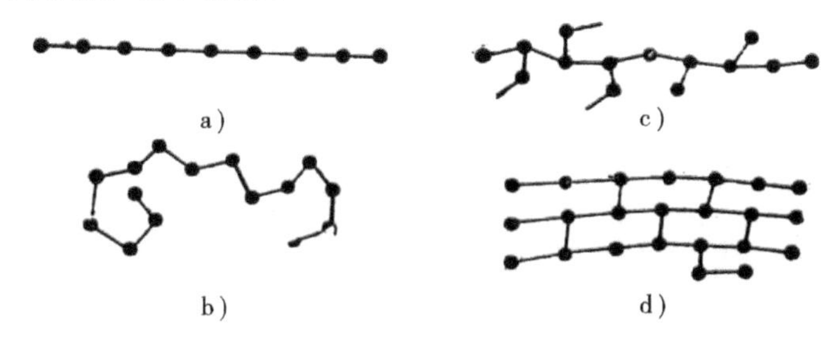

图 3-1　大分子的形状

（2）聚集态结构　根据分子的排列状态分为晶态聚合物和非晶态聚合物。

二、高分子聚合物的特点

高分子具有和低分子截然不同的结构特征。归纳比较如下：

（1）具有可分割性　低分子物质的分子不能用一般的机械方法把它分开。如果把它分开，其性质就发生了变化，成为另外的物质。而高分子则不然，因为它的分子很大。当用外力把分子拉断或切开变成两个分子后，高分子化合物的性质一般没有明显的改变。高分子结构的这种特征称为可分割性。

（2）具有弹性　所谓弹性是指材料形变的可恢复性。高分子化合物在外力作用下发生形变，当外力解除，这种形变就可以恢复到原状。弹性是高分子化合物重要的特性之一。

（3）具有可塑性　高分子化合物受热达到一定温度后，先是经过一个较长的软化过程，而后才能变为粘流状态。这是由于高分子化合物是由很长的大分子链所构成。当链的某一部分受热时，须经过一定的时间和温度间隔，整个大分子链才会变软，这时高分子化合物具有可塑性。这一特点对聚合物的加工成型十分重要。

（4）具有绝缘性　高分子化合物对电、热、声具有良好的绝缘性能。从结构上看这是因为高分子化合物大都是有机化合物，分子中的化学键都是共价键，不能电离，因此不能

传递电子，又因为大分子链呈蜷曲状态，互相纠缠在一起，在受热、受声作用之后，分子不易振动起来，因而它对热、声也具有绝缘性。

三、高分子材料的分类

聚合物的种类非常繁多，品种更是数不胜数。可以按照不同的原则，或从不同角度把聚合物加以分类，见表3-1。

表3-1 聚合物常见的分类方法

分 类	类 别	举例与特性
按聚合物的来源	天然聚合物	天然橡胶、纤维素、蛋白质等
	人造聚合物	经人工改性的天然聚合物，如硝酸纤维、醋酸纤维（人造丝）
	合成聚合物	由低分子物质合成的，如塑料、橡胶、化学纤维、涂料、胶黏剂等
按聚合反应类型	加聚物	由加成聚合反应得到的，如聚乙烯、聚丙烯等
	缩聚物	由缩合聚合反应得到的，如酚醛树脂
按聚合物的性质	塑料	处于玻璃态，形状稳定，具有良好综合特性
	橡胶	具有高弹性，可做弹性材料与密封材料
	纤维	单丝强度高，可做纺织材料
	涂料	具有成膜性，如醇酸涂料
	胶黏剂	具有强的粘附力，如环氧胶
按聚合物的热行为	热塑性聚合物	线型结构加热后仍不变，具有多次反复加工性
	热固性聚合物	线型结构加热后变体型结构，不能反复塑制
按聚合物的分子结构	碳（均）链聚合物	一般为加聚物
	杂链聚合物	一般为缩聚物，如聚酰胺
	元素有机聚合物	一般为缩聚物，如有机硅

通常采用的分类方法如下：

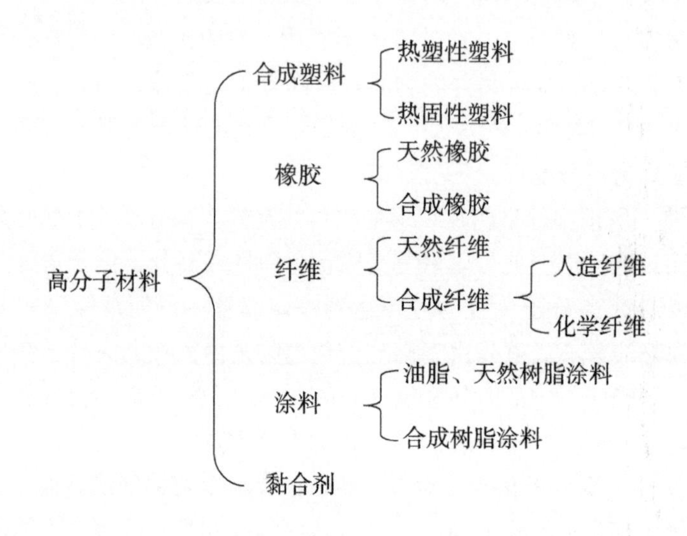

由于高分子材料的品种繁多，在性能上各有千秋，因而通过合理选择可以满足各种不同设计的要求。在工业产品设计中，合理使用高分子材料可获得事半功倍的效果。本书将对塑料和橡胶这两大类高分子材料进行介绍。

第二节　塑料的基本特性

现代工业产品的造型设计中愈来愈多的采用塑料材料，其主要原因是塑料可使产品的造型取得良好的艺术效果和经济效果。塑料制品可通过一道工序就获得所需非常复杂形状的产品，而且很少再需要进行进一步的加工和表面处理，使产品的造型设计不受或少受造型形式和加工技术的限制，能充分实现设计师对产品内外结构和造型的巧妙构思。此外塑料的外观可变性大，易着色，可制成透明、半透明和不透明，可注塑出各种不同的表面肌理，并通过镀饰、涂饰、印刷等装饰手段，加工出近似金属、木材、皮革、陶瓷等各种材料所具有的质感。利用塑料的色彩效果、肌理效果以及表面加工的随意性，可大大提高产品外观造型的整体感和艺术质量。因此，在产品造型设计中，设计师必须熟悉各种材料的性能特点和成型特性，从而设计生产出造型和使用性能优良的塑料制品（见图 3-2）。

图 3-2　各种塑料产品

塑料作为一种具有多种特性的使用材料，在世界各国获得迅速的发展，其主要原因是塑料的原料广，性能优良（质轻，具有电绝缘性、耐腐蚀性、绝热性等），加工成型方便，具有装饰性和现代质感，而且塑料的品种繁多，价格比较低廉，广泛应用于仪器、仪表、家用电器、交通运输、轻工、包装等各个部门。据有关资料预测，到 2010 年世界塑料的产量将与钢铁产量相等，“以塑代钢”，“以塑代木”，使塑料迅速成为与钢铁、有色金属、无机非金属材料同步发展的基础材料。

一、塑料的组成

塑料的组成相当复杂，是以各种各样的天然或合成树脂为主要成分，再适当加入各种改善性能的添加剂，在一定温度和压力下塑制成型的一类高分子材料。塑料各组分在塑料中所起的作用阐述如下：

1. 树脂

树脂是塑料的主要成分，是塑料的基本原料，它决定了塑料的类型（热塑性和热固性）和基本性质，因此塑料的名称也多用其原料树脂的名称来命名，如聚氯乙烯塑料、酚醛塑料等。

树脂有天然树脂和合成树脂两大类。天然树脂由于产量极少，性能又不够理想，现已很少用来制造塑料。合成树脂就是用人工合成的方法，将低分子的有机化合物（一般从石油、天然气、煤或农副产品中提炼出的物质）作原料，经过化学合成而制造出高分子聚合物如聚乙烯、聚碳酸酯、酚醛树脂等。合成树脂是现代塑料的基本原料。

2. 添加剂

添加剂的加入，可改善塑料的某些性能，以获得满足使用要求的塑料制品。通常的添加剂有填料、增塑剂、稳定剂、润滑剂、着色剂、固化剂、发泡剂、抗静电剂、阻燃剂、防霉菌剂、防蚁剂等。根据塑料的品种和使用要求，可选择添加不同的添加剂。

二、塑料的分类

塑料种类繁多，组成、结构的不同，其性质和用途也各不相同。通常采用以下两种分类方法：

1. 按热行为分

塑料按其热行为可分为热塑性塑料和热固性塑料。

（1）热塑性塑料　热塑性塑料的特点是在特定温度范围内受热软化（或熔融），冷却后硬化，并且这一过程可反复多次进行，其性能也不发生显著变化。热塑性塑料在加热软化时，具有可塑性，可以采用多种方法加工成型，成型后的力学性能较好，但耐热性和刚性较差。常见的热塑性塑料有聚乙烯、聚丙稀、聚氯乙烯、ABS、聚酰胺、聚碳酸酯、聚砜等。

（2）热固性塑料　热固性塑料的特点是加热时可以软化成熔融，塑制成型，同时固化生成不溶不熔性能的塑料制品，固化后的塑料制品不能再加热，不再具有可塑性。其刚度大，硬度高，尺寸稳定，具有较高的耐热性。当温度过高时，则会被分解破坏。常见的热固性塑料有酚醛塑料、环氧塑料、氨基树脂、有机硅塑料等。

表 3-2 为 热塑性塑料和热固性塑料的特征对比。

表 3-2　热塑性塑料和热固性塑料的性能特征

项　目	热塑性塑料	热固性塑料
加工特性	受热软化、熔融制成一定形状的型坯，冷却后固化定型为制品	为成型前受热软化、熔融，制成一定形状的型坯，在加热或固化剂作用下，一次硬化定型
重复加工	再次受热，仍可软化、熔融，反复加工	受热不熔融，达到一定温度分解，不能反复加工
溶剂中情况	可以溶解	不可以溶解
化学结构	线型高分子	由线型分子变成体型分子
成型中的变化	物理变化	物理变化、化学变化
举例	PE、PP、PVC、ABS、PS 等	PF、UF、MF、ER、UP 等

2. 按其应用分

塑料按其应用可分为通用塑料、工程塑料和特种塑料。

（1）通用塑料　通用塑料一般是指产量大、用途广、价格低廉、性能一般的塑料，如

聚乙烯、聚丙烯、聚氯乙烯、聚苯乙烯、酚醛树脂等。

（2）工程塑料　工程塑料通常比通用塑料厂量较小，价格较高，但具有优异的性能，能承受一定外力作用和具有较高的机械强度，适用作工程材料或结构材料，如聚酰胺、聚碳酸脂、ABS、聚甲醛、聚砜、聚苯醚等。

（3）特种塑料　特种塑料又称功能塑料，是指具有特殊功能，能满足特殊使用要求的塑料，如医用塑料、导电塑料等。

三、塑料的一般特性

产品设计中所选用的设计材料要求具有能够自由成型或易加工，并能够充分发挥材料特性，符合产品所要求的特性，作为人工合成开发的塑料恰好能满足这些要求。虽塑料制品的性能，因其类型、成型条件及使用环境等不同而异，但与其他材料相比较，塑料仍具有良好的综合特性。

图 3-3　色彩丰富的塑料板

1）塑料质轻，密度小。一般塑料密度在 0.9 ~ 2.3 g/cm^3 之间，聚乙烯、聚丙烯的密度约为 0.9 g/cm^3。最重的聚四氟乙烯塑料密度不超过 2.3 g/cm^3，最轻的泡沫塑料只有 0.01 g/cm^3。

2）塑料强度低，但比强度（即单位质量的强度）高。若按比强度来衡量材料的性能，塑料可算是强度较高的工业造型材料之一。一般塑料的抗拉强度只有几十兆帕，比金属低得多；但是由于密度小，其比强度却很高，某些塑料的比强度比钢铁还高。因此，某些工程塑料能够代替部分金属材料制造多种机器零部件。

3）多数塑料制品有透明性，可制成透明或半透明制品，并富有光泽，可以任意着色（见图 3-3），且着色鲜艳，不易变色。表 3-3 为 塑料的透光率与玻璃的比较。

表 3-3　各种塑料的透光率与玻璃的比较

板厚（3mm）	透光率（%）	板厚（3mm）	透光率（%）
聚甲基丙烯酸甲酯	93	聚酯树脂	65
聚苯乙烯树脂	90	脲醛树脂	65
硬质聚氯乙烯	80 ~ 88	玻璃	91

4）耐磨、自润滑性能好。塑料的硬度比金属低，但塑料的耐磨性能却优于金属。大多数塑料具有优良的减磨、耐磨和自润滑特性，可以在无润滑条件下有效工作。利用塑料的这个特性，许多工程塑料可用于制造耐磨零件。

5）优异的绝缘性。大多数塑料在低频低压下具有良好的电绝缘性能，有的即使在高频高压下也可以作电器绝缘材料或电容介质材料。对电机、电器、仪器仪表、电线电缆的绝缘起着重要的保护作用。

塑料的导热率极小，故导热性差，泡沫塑料的导热率与静态空气相当，被广泛用作绝热保温材料或建筑节能、冷藏等绝热装置材料。

6）化学稳定性好。多数塑料都有较好的化学稳定性，对一般浓度的酸、碱、盐和某些化学药品表现出良好的耐腐蚀性能，其中最突出的是聚四氟乙烯，能耐“王水”等强腐蚀性物质的腐蚀，是一种优良的防腐蚀材料，被称为“塑料王”。

7）塑料成型加工方便，能大批量生产。塑料材料可塑性大，能通过加热、加压塑制成各种形状的制品，制品造型基本上不受形态的制约，可较好地表达设计师的设计构思，产品造型易实现简洁流畅和整体化。此外，塑料易于进行切削、连接、表面处理等二次加工，加工成本低。

塑料虽然具有以上优良性能，但也存在许多不足之处，与金属及其他工业材料相比有以下缺点：

① 塑料不耐高温，低温容易发脆。温度变化时尺寸稳定性较差，成型收缩较大，即使在常温负荷下也容易变形。由于耐热性较差，使塑料的用途受到限制。

② 塑料有“老化”现象。塑料在长时间使用或储藏过程中，质量会逐渐下降。这是由于受周围环境如氧气、光、热、辐射、湿气、雨雪、工业腐蚀气体、溶剂和微生物等的作用后，塑料的色泽改变、化学构造受到破坏，力学性能下降，变得硬脆或软粘而无法使用，这称为塑料的“老化”，它是塑料制品性能中的一个严重缺陷。

③ 塑料制品有摩擦带电现象，易吸附尘埃，特别是在干燥的冬季。

但是，随着塑料工业的发展和塑料材料研究的深入，塑料的缺点正被逐渐克服，性能优异的新型塑料和各种塑料复合材料正不断涌现。

第三节　塑料产品加工成型技术

塑料的加工成型过程即塑料制品的生产过程，是一个非常关键而又复杂的过程。塑料的加工成型性是指将塑料原料转变为塑料制品的工艺特性，成型加工是使塑料成为具有实用价值制品的重要环节。

塑料的成型方法很多，根据加工时聚合物所处状态的不同，塑料成型加工的方法大体可分为三种：①处于玻璃态的塑料，可以采用车、铣、钻、刨等机械加工方法和电镀、喷涂等表面处理方法。②当塑料处于高弹态时，可以采用热压、弯曲、真空成型等加工方法。③塑料加热到粘流态，可以进行注射成型、挤出成型、吹塑成型等加工。

塑料制件的生产工艺过程为：预处理→成型→机械加工→表面处理→装配（连接）。通常将塑料成型后的机械加工、表面处理、装配等工序成为塑料的二次加工。

一、塑料的成型

塑料成型是将不同形态（粉状、粒状、溶液或分散体）的塑料原料（见图3-4）按不同方式制成所需形状的坯件，是塑料制品生产的关键环节。塑料成型方法的选择取决于塑料的类型（热塑性或热固性）、特性、起始状态及制成品的结构、尺寸和形状等。

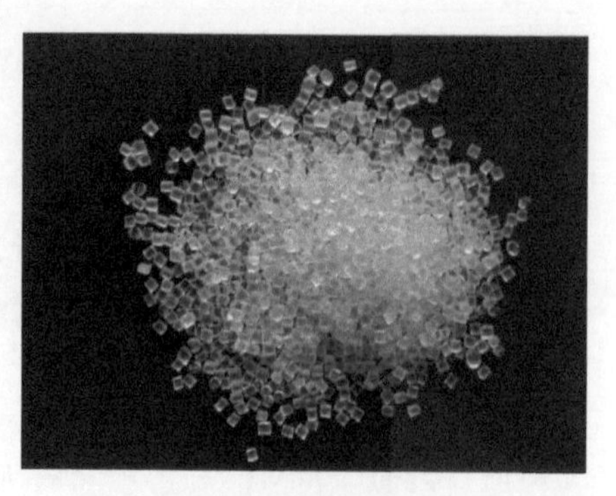

图3-4　粒状塑料原料

塑件的成型种类很多，有各种模塑成型、层压及压延成型等，其中以塑料模塑成型种类较多，如注射成型、挤出成型、压制成型等。它们共同的特点是利用了塑料成型模具（简称塑料模）来成型具有一定形状和尺寸的塑件。

1. 注塑成型

注塑成型又称注射成型，是热塑性塑料的主要成型方法之一。其原理是利用注射机（见图3-5）中螺杆或柱塞的运动，将料筒内已加热塑化的粘流态塑料用较高的压力和速度注入到预先合模的模腔内，冷却硬化后成为所需的制品。这种成型方法是间歇操作过程，整个成型是一个循环的过程，每一成型周期包括：定量加料→熔融塑化→施压注射→充模冷却→开模取件等步骤。在现代塑料的成型技术中，用注射成型法生产的制品，约占热塑性塑料制品的20%～30%，注射成型原理如图3-6所示。

图3-5 塑料注射机

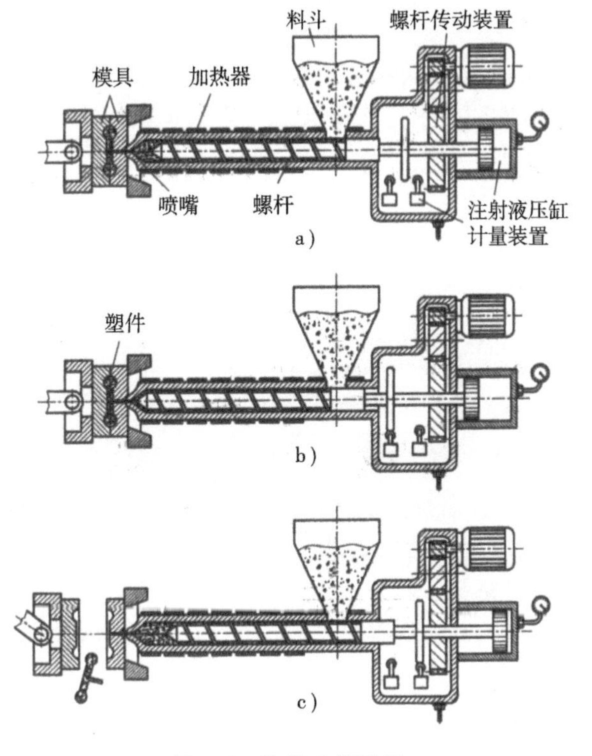

图3-6 注射成型原理

a）合模注射 b）注射保压及塑件冷却 c）开模、顶出塑件注塑成型方法有以下优点：

1）能一次成型外形复杂、尺寸精确、带有金属或非金属嵌件的制品（见图3-7）。可以极方便地利用一套模具，成批生产尺寸、形状、性能完全相同或不同的产品（见图3-8）。

图3-7　塑料注射制品

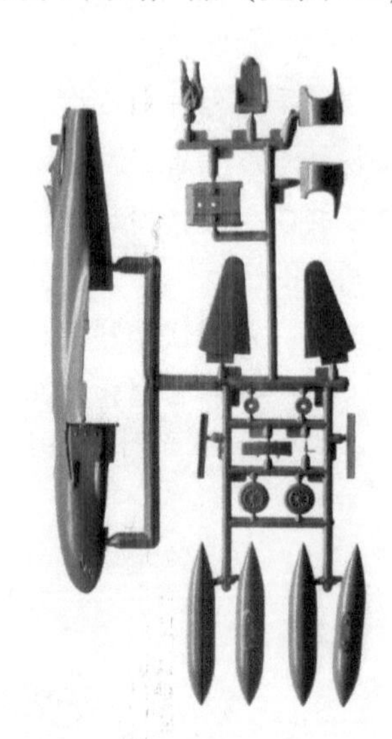

图3-8　塑料注塑模中零件分布

2）注塑成型的成型周期短（几秒到几分钟），一般制件只需30～60s可成型，比如水杯成型只需1～2s，水桶成型只需20s。即使一些大型产品的成型也只需3～4min。成型产品质量可由几克到几十千克。

3）该方法适应性强，生产性能好，注塑成型的全过程可实现自动化控制或半自动化作业，具有较高的生产效率和技术经济指标，适于大批量生产，而且产品尺寸精度高、质量稳定，是所有成型方法中生产效率最高的成型方法。

注塑成型法除上述特点之外，还具有原材料损耗小、操作方便、成型的同时产品即可获得色彩鲜艳的外观等优点。

注塑成型的不足之处是：用于注塑成型的模具价格是所有成型方法中最高的，所以小批量生产时，经济性差。一般注塑成型的最低生产批量为5万个左右。另外，注塑成型虽能生产其他方法所无法生产的形状复杂的产品，但制造这些产品的模具则需要较高的技术要求。

注塑成型主要适用于聚乙烯、聚丙烯、聚氯乙烯、聚苯乙烯及ABS树脂等热塑性塑料。最初的注塑工艺只能应用于热塑性塑料，现在热固性塑料也能进行注塑加工。

注塑是对产品设计影响最大的加工成型工艺，注塑技术的发展给设计师提供了几乎完全自由的设计空间。注塑产品覆盖了整个产品设计领域，消费产品、商务产品、通信产品、医用产品、体育设备等各方面都有塑料注塑产品。各种家电的壳体基本上都是注塑加工的。

2. 挤出成型

挤出成型又称挤塑成型，主要适合热塑性塑料成型，也适合一部分流动性较好的热固性塑料和增强塑料的成型。其原理是利用机筒内螺杆的旋转运动，使熔融塑料在压力作用下连续通过挤出模的型孔或口模，待冷却定型硬化后而得各种断面形状的制品，其成型原理如图3-9所示。一台挤出机（见图3-10）只要更换螺杆和口模，就能加工不同品种塑料和制造多种规格的产品。

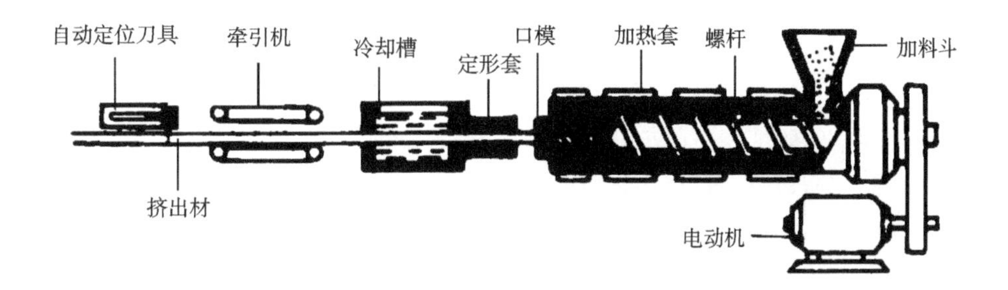

图3-9　挤出成型工艺原理

图3-10　挤出机

挤出成型是塑料加工工业中应用最早、用途最广、适用性最强的成型方法。与注射成型相似，几乎所有工程塑料都可采用挤出法进行成型。与其他成型方法相比，挤出成型具有突出的优点：①设备成本低，占地面积小，生产环境清洁，劳动条件好。②生产效率高。③操作简单，工艺过程容易控制，便于实现连续自动化生产。④产品质量均匀、致密。⑤可以一机多用，进行综合性生产。

挤出成型加工的塑料制品主要是连续的型材产品（见图3-11），如薄膜、管、板、片、棒、单丝、扁带、复合材料、中空容器、电线电缆包覆层及异型材料等。除此之外，挤出成型也可用于生产日用产品、车辆零件。在建筑材料方面的挤出产品有栅栏用材、雨搭、瓦楞板等室外用品，也有水管、地板、窗框、门板、窗帘盒等室内用品。日用品方面的挤出产品有于是挂帘、浴盆盖等产品。

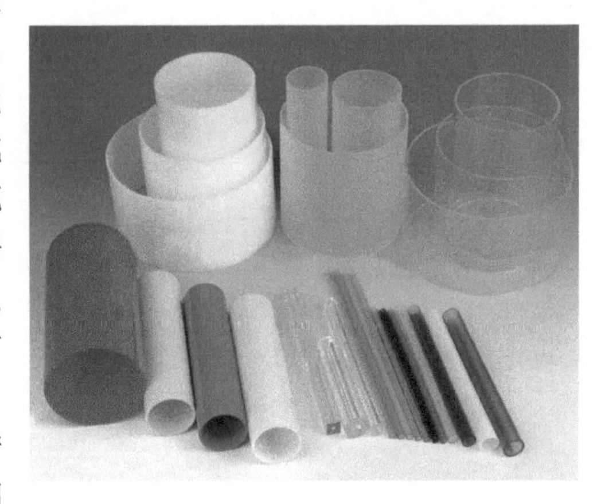

图3-11　挤出成型的管材

目前，挤出成型制品约占热塑性制品生产的40%~50%。可用于挤出成型的树脂，除用量最大的聚氯乙烯之外，还有ABS树脂、聚乙烯、聚碳酸酯、发泡聚苯乙烯等，也可将树脂与金属、木材、或不同的树脂进行复合挤出成型。此外，挤出成型机还可用于工程塑料的塑化造粒、着色和共混等。所以，挤出成型是一种生产效率高、用途广泛、适应性强的成型方法。

3. 吹塑成型

吹塑成型是用挤出、注射等方法制出管状型坯，然后将压缩空气通入处于热塑状态的型坯内腔中，使其膨胀成为所需形状的塑料制品。

用于吹塑成型的树脂中，聚乙烯占的量最大，除此之外还有聚氯乙烯、聚碳酸酯、聚苯烯、尼龙等材料。吹塑成型所生产的产品，包括塑料薄膜、薄壁的中空塑料制品（如瓶子、包装桶、罐）等产品。

吹塑成型分为薄膜吹塑和中空吹塑成型。

（1）薄膜吹塑成型（见图 3-12）　薄膜吹塑成型是将熔融塑料从挤出机机头口模的环行间隙中呈圆筒形薄管挤出，同时从机头中心孔向薄管内腔吹入压缩空气，将薄管吹胀成直径更大的管状薄膜（俗称泡管），冷却后卷取。薄膜吹塑成型主要用于生产塑料薄膜（见图 3-13）。

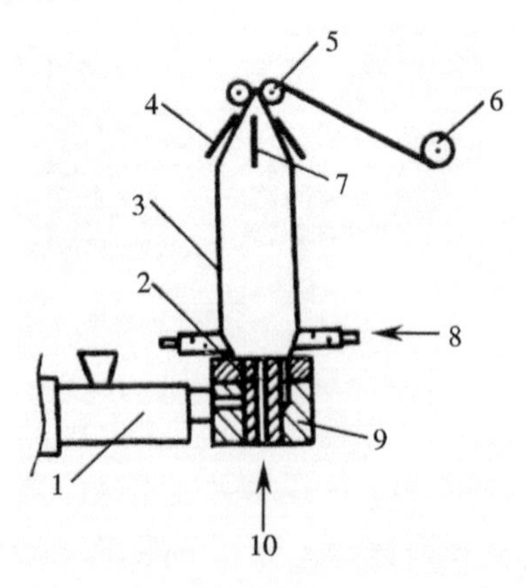

图 3-12　薄膜吹塑成型示意图

1—挤出机　2—芯棒　3—泡状物

4—导向板　5—牵引辊　6—卷取辊

7—折叠导棒　8、10—空气入口　9—模头

图 3-13　塑料薄膜

（2）中空吹塑成型　中空吹塑成型是生产中空塑料制品的方法，是将预制的管状型坯夹在模具模腔内，加热软化并封底，向管坯内腔通入压缩空气进行吹胀成型，冷却脱模后得到所需的中空制品（见图 3-14）。

图 3-14　中空吹塑成型制品

中空吹塑成型通常可分为注射中空吹塑成型（见图 3-15）和挤出中空吹塑成型（见图 3-16）。

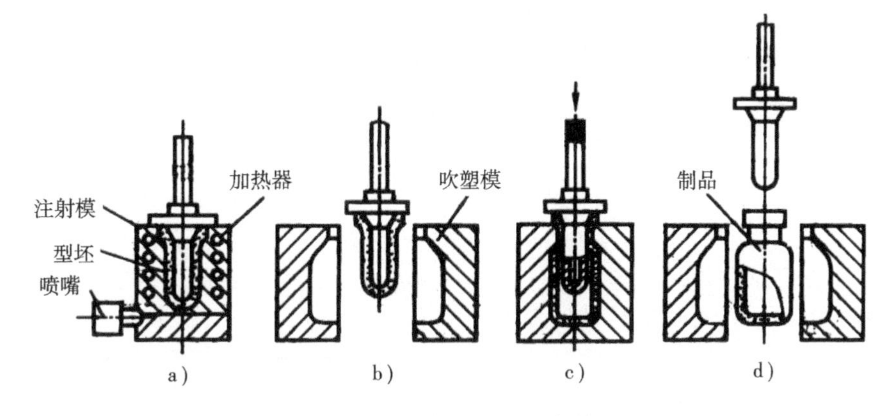

图 3-15　注射中空吹塑成型

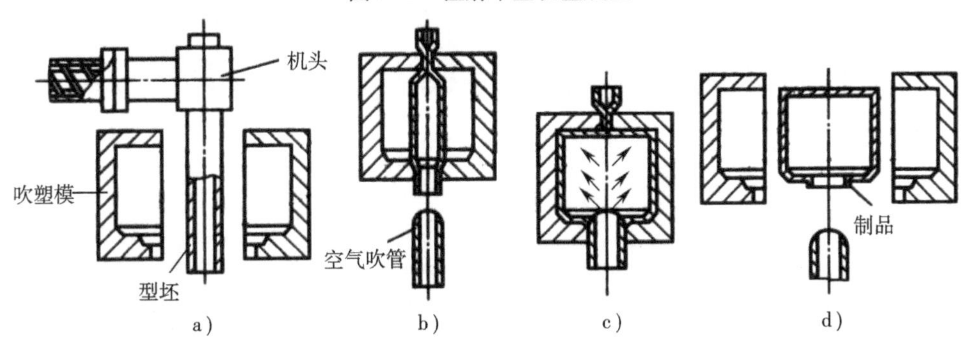

图 3-16　挤出中空吹塑成型

近年来还发展了多层吹塑成型和拉伸吹塑成型，前者用于制造 2 层 ~5 层的多层容器，以解决内部介质的阻透问题，后者具有壁薄省料且强韧的优点，制品的透明度、强度、抗渗透性明显提高。

4. 压制成型

压制成型主要用于热固性塑料制品的生产。压制成型的特点是：①制品尺寸范围宽，可压制较大的制品。②设备简单，工艺条件容易控制。③制件无浇口痕迹，容易修整，表面平整，光洁。④制品收缩率小，变形小，各项性能较均匀。⑤不能成型结构和外形过于复杂、加强肋密集、金属嵌件多、壁厚相差较大的塑料制件。⑥对模具材料要求高，模具成本费高。⑦成型周期长，生产不能连续化，生产效率低，较难实现自动化生产。

压制成型根据物料的形状和成型加工工艺特征，分为有模压成型和层压成型两种。

(1) 模压成型　它又称压塑成型，是热固性塑料和增强塑料成型的主要方法，其原理是将定量的粉状、粒状或纤维状塑料物料置于金属模具内，闭合模具，加热加压，使物料塑化流动并充满模腔，同时发生化学反应而固化成型，形成与模腔形状一样的模制品。图 3-17 为模压成型示意图。

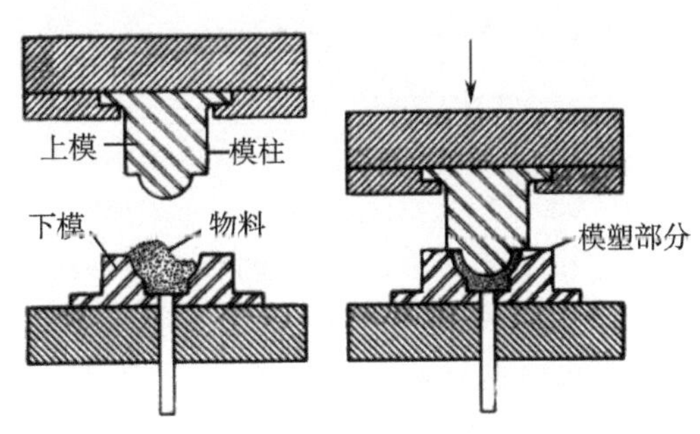

图 3-17　模压成型示意图

模压成型制品质地致密，尺寸精确，外观平整光洁，无浇口痕迹，但生产效率较低。

模压成型可以生产儿童餐具、厨房用具等日用品及开关、插座等电器零件（见图3-18）。适用于压制成型的物料主要有密胺树脂、尿素树脂、环氧树脂、酚醛树脂及不饱和聚酯等热固性塑料。

（2）层压成型　将浸渍过树脂的片状材料叠合至所需厚度后放入层压机中，在一定的温度和压力下使之粘合固化成层状制品，如图3-19所示。它分为连续式层压成型和间歇式层压成型。层压成型制品质地密实，表面平整光洁，生产效率高，多用于生产增强塑料板材、管材、棒材和胶合板等层压材料。

图3-18　模压成型产品

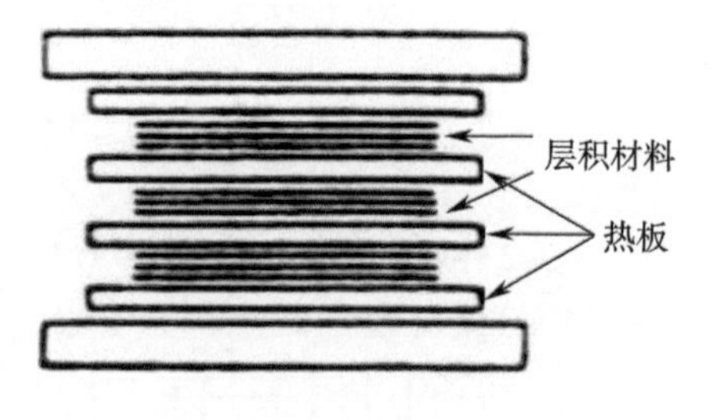

图3-19　层压成型示意图

二、塑料的二次加工

塑料的二次加工又称塑料的二次成型，是采用机械加工、热成型、连接、表面处理等工艺将一次成型的塑料板材、管材、棒材、片材及模制件等制成所需的制品。

1. 塑料机械加工

塑料的机械加工与金属材料的切削加工大致相同，仍可沿用金属材料加工的一套切削工具和设备。塑料机械加工是指在成型后的塑件工件上进行钻孔、车螺纹、车削和铣削等过程，完成成型过程中所不能完成或完成得不够准确的一些工作，包括锯、切、车、铣、磨、刨、钻、喷砂、抛光、螺纹加工等。图3-20所示的塑料装饰品，是在透明丙烯酸塑料块上钻出一个个孔洞，孔洞进行染色，然后表面抛光而得。

图3-20　二次加工的塑料装饰品

由于塑料加工时存在以下问题：①塑料的导热性很差，加工中散热不良，一旦温度过高易造成软化发粘、以至分解烧焦。②制件的回弹性大，易变形，加工表面较粗糙，尺寸误差大。③加工有方向性的层状塑料制件时易开裂、分层、起毛或崩落。因此，塑料机械加工时要注意充分冷却，选择较小的加工量，采用锋利的刀刃，且加工时加紧力不宜过大。

2. 塑料热成型

塑料热成型方法是塑料二次成型的主要方法，是热塑性塑料最简单的成型方法，其原理是将塑料板材（或管材、棒材）加热软化进行成型的方法。

热成型方法能生产从小到大的薄壁产品，设备费用、生产成本比其他成型方法低，所需模具简单，既适用于大批量生产，也适用于少量生产。大批量生产时使用铝合金制造的模具，少量生产时使用石膏或树脂制造的模具，或采用电铸成型的模具。但是这种成型方法不适宜成型形状复杂的产品以及尺寸精度要求高的产品，此外，因这种成型方法是拉伸片材而成型，所以产品的壁厚难以控制。

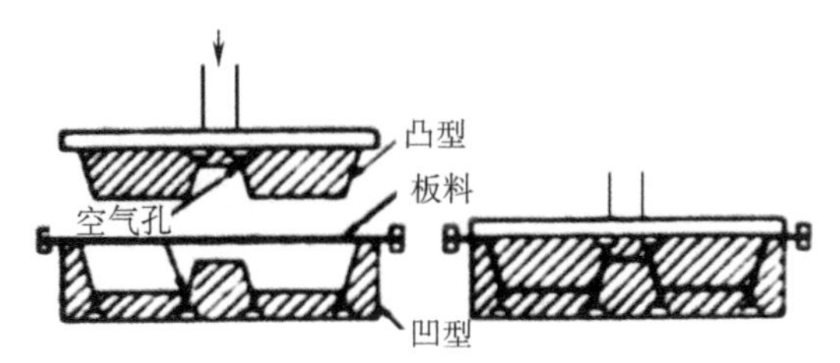

图 3-21 模压热成型示意图

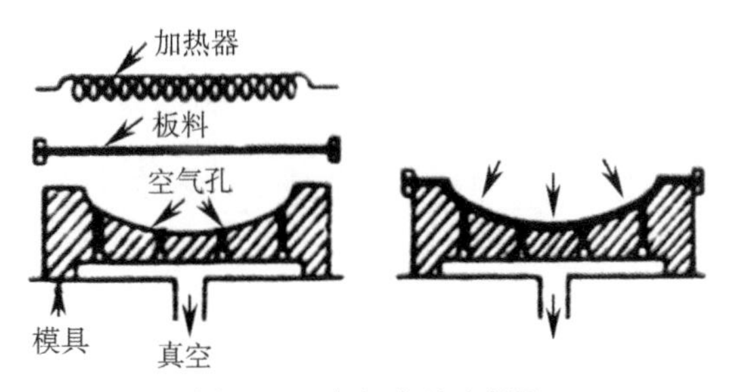

图 3-22 真空成型示意图

可用于热成型的材料有 ABS、有机玻璃、聚氯乙烯、聚苯乙烯、聚碳酸酯、发泡聚苯乙烯等片材。热成型方法适用范围广，多用于热塑性塑料、热塑性复合材料的成型。其产品广泛用于包装领域。除包装领域外，冰箱内胆、机器外壳、照明灯罩、广告牌、旅行箱等产品也可采用热成型方法生产。

塑料热成型的主要成型方法有模压热成型（见图 3-21）和真空成型（见图 3-22）。

真空成型又称真空抽吸成型，是将加热的热塑性塑料薄片或薄板置于带有小孔的模具上，四周固定密封后抽取真空，片材被吸附在模具的模壁上而成型，脱模后即得制品（见图 3-23）。真空成型的成型速度快，模具简单，操作容易，但制品后加工较多。多用来生产电器外壳、装饰材料、艺术品和日用品等。

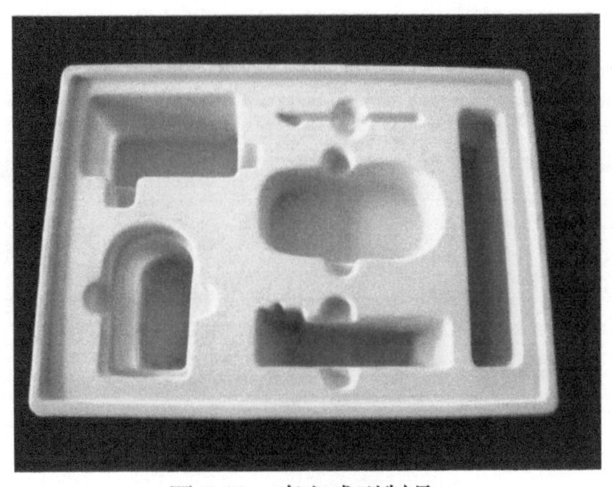
图 3-23 真空成型制品

3. 塑料连接

在产品设计中通常采用连接方式将各塑料零部件进行组合或将塑料零部件与其他材质零部件进行组合，使其成为一个完整的制品。塑料常用的连接方法除一般使用的机械连接方法外，主要有热熔粘接、溶剂粘接和胶粘剂粘接（胶粘）等方法。

（1）热熔粘接 它又称塑料焊接，是热塑性塑料连接的基本方法。将两塑料连接处进行加热使之熔融，施加一定压力下使两者互相粘接，冷却凝固后两部分就连成一个整体（见图 3-24）。常采用的焊接方法有热风

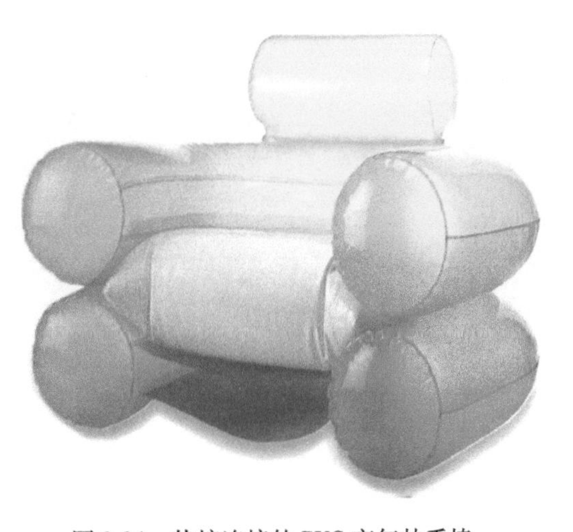
图 3-24 热熔连接的 PVC 充气扶手椅

焊接、热对挤焊接、高频焊接、超声波焊接、感应焊接、摩擦焊接等。

（2）塑料溶剂粘接　利用有机溶剂（如丙酮、三氯甲烷、二氯甲烷、二甲苯、四氢呋喃等）（见图3-25）将需粘接的塑料表面溶解或溶胀，通过加压粘接在一起，形成牢固的接头（见图3-26）。

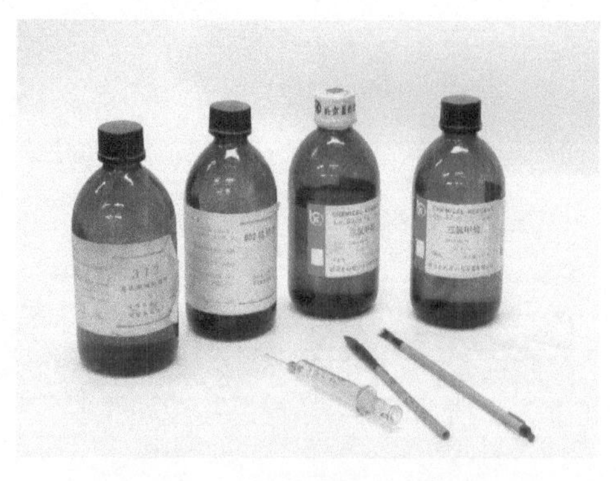

图3-25　塑料粘接的有机溶剂

图3-26　塑料溶剂粘接

一般可溶于溶剂的塑料都可采用溶剂粘接。ABS、聚氯乙烯、有机玻璃、聚苯乙烯、纤维素塑料等热塑性塑料多采用溶剂粘接。热固性塑料由于不溶解，也难用此法粘接。表3-4为常用塑料及其常用粘接溶剂。

表3-4　常用塑料及其常用粘接溶剂

塑　料	溶　剂
ABS	三氯甲烷、四氢呋喃、甲乙酮
有机玻璃	三氯甲烷、二氯甲烷
聚氯乙烯	四氢呋喃、环己酮
聚苯乙烯	三氯甲烷、二氯甲烷、甲苯
聚碳酸酯	三氯甲烷、二氯甲烷
纤维素塑料	三氯甲烷、丙酮、甲乙酮
聚酰胺	苯酚水溶液、氯代钙乙醇溶液
聚苯醚	三氯甲烷、二氯甲烷、二氯乙烷
聚砜	三氯甲烷、二氯甲烷、二氯乙烷

（3）塑料胶接　利用胶粘性强的胶粘剂，能方便的实现不同塑料或塑料与其他材料间的连接。绝大多数塑料都可以采用胶粘剂进行粘接，特别是对于热固性塑料而言，这是一种很有发展前途的连接方法。

4. 塑料表面处理

塑料表面处理的目的主要是美化塑料制品的外观，如抛光、溶浸、增亮、镀饰、涂饰、印刷、烫印、压花、彩饰等。

（1）涂饰　塑料零件涂饰的目的，主要是防止塑料制品老化、提高制品耐化学药品与耐溶剂的能力以及装饰着色、获得不同表面肌理等。

（2）镀饰　塑料零件表面镀覆金属是塑料二次加工的重要工艺之一。它能改善塑料零件的表面性能，达到防护、装饰和美化的目的，还可改变塑料的某些特性，如使塑料零件具有导电性，提高制品的表面硬度和耐磨性，提高防老化、防潮、防溶剂侵蚀的性能，并使制品具有金属光泽。因此，塑料的镀饰处理是当前扩大塑料制品应用范围的重要方法之一。图 3-27 为电镀的塑料汽车配件。

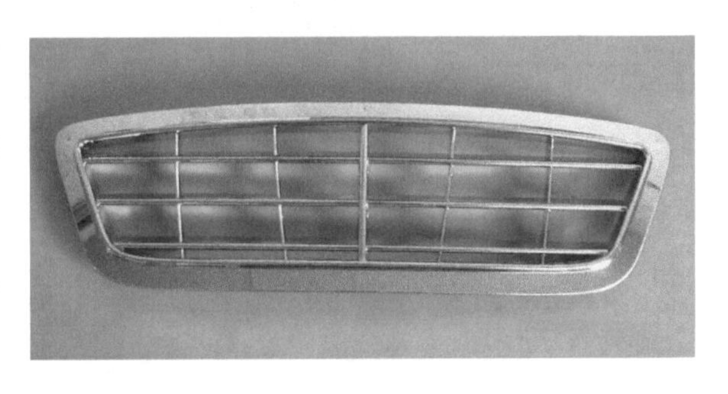

图 3-27　电镀的塑料汽车配件

（3）烫印　利用刻有图案或文字的热模，在一定的压力下，将烫印材料上的彩色锡箔转移到塑料制品表面上，从而获得精美的图案和文字。

第四节　设计中常用的塑料

随着塑料工业的飞速发展，塑料的品种越来越多，已被广泛用于农业、工业、建筑、包装、国防工业以及人们日常生活等各个领域。这里对设计中常用的塑料进行简要介绍。表 3-5 列举了设计中常用的塑料及树脂的缩写代号。

表 3-5　常见塑料及树脂缩写代号

缩写代号	塑料或树脂全称	
	中文名	英文名
ABS	丙烯腈-丁二烯-苯乙烯共聚物	Acrylonitrile-Butadiene-Styrene Copolymer
A/S	丙烯腈-苯乙烯共聚物	Acrylonitrile-Styrene Copolymer
CN	硝基纤维素	Cellulose Nitrate
EP	环氧树脂	Epoxy resin
GPS	通用聚苯乙烯	General Polystyrene
GRP	玻璃纤维增强塑料	Glass Fibre Reinforced Plastics
HDPE	高密度聚乙烯	High Density Polyethylene
HIPS	高抗冲聚苯乙烯	High Impact Polystyrene
LDPE	低密度聚乙烯	Low Density Polyethylene
MDPE	中密度聚乙烯	Middle Density Polyethylene
MF	三聚氰胺甲醛树脂	Melamine-Formaldehyde resin
PA	聚酰胺	Polyamide
PAN	聚丙烯腈	polyacrylonitrile
PBTP	聚对苯二甲酸丁二（醇）酯	Poly（butylene terephthalate）
PC	聚碳酸酯	Polycarbonate
PE	聚乙烯	Polyethylene

（续）

缩写代号	塑料或树脂全称	
	中文名	英文名
PETP	聚对苯二甲酸乙二（醇）酯	Poly（ethylene terephthalate）
PF	酚醛树脂	Phenol-Formaldehyde resin
PI	聚酰亚胺	Polyimide
PMMA	聚甲基丙烯酸甲酯	Poly（methyl methacrylate）
POM	聚甲醛	Polyformaldehyde
PP	聚丙烯	Polypropylene
PPO	聚苯醚	Poly（phenylene oxide）
PS	聚苯乙烯	Polystyrene
PSF	聚砜	Polysulfone
PTFE	聚四氟乙烯	Polytetrafluoroethylene
PU	聚氨酯	Polyurethane
PVC	聚氯乙烯	Poly（vinyl chloride）
RP	增强塑料	Reinforced Plastics
SI	聚硅氧烷	Silicone
UF	脲甲醛树脂	Urea-Formaldehyde resin
UP	不饱和聚酯	Unsaturated Polyester

一、通用塑料

1. 聚乙烯塑料（PE）

聚乙烯是结构最简单的热塑性塑料。它是乙烯单体通过加聚反应生成的聚乙烯树脂。在所有塑料品种中，聚乙烯是产量最多、使用最多的普通塑料。聚乙烯塑料具有乳白色蜡质的外观，具有良好的化学稳定性、耐寒性和电绝缘性，易加工成型，但耐热性较差，其保持性质稳定的温度范围为 -70℃ ~80℃；易老化，表面不易粘接和印刷。聚乙烯塑料制品品种繁多，根据聚合条件的不同，可得到高、中、低三种密度的聚乙烯。高密度聚乙烯（密度约为 0.94 ~0.97 g/cm^3）摩尔质量较大，结晶率高，质地坚硬，耐磨耐热性好，机械强度较高主要用于生产硬质产品，如型材、各种中空制品和注射制品等。低密度聚乙烯（密度约为 0.91 ~0.93 g/cm^3）摩尔质量较小，结晶率低，质地柔软，弹性和透明度好，软化点稍低，主要用作各种薄膜和软纸包装材料。

聚乙烯塑料可采用吹塑、挤出、注射等成型，其制品广泛应用于农业、电子、机械、包装等方面。图 3-28 为聚乙烯塑料制品。

图 3-28　聚乙烯塑料制品

2. 聚丙烯塑料（PP）

聚丙烯塑料为热塑性塑料呈半透明或奶白色，有极好的着色性能；聚丙烯的密度小，大约为0.90 g/cm^3。聚丙烯塑料化学稳定性和电绝缘性好，易成型加工，成型尺寸稳定，热膨胀性小，机械强度、刚性、透明性和耐热性均比聚乙烯高，但耐低温性能较差，易老化。

与其他塑料相比，聚丙烯塑料的耐弯曲疲劳性优良，反复弯折几十万到几百万次不断裂，具有其他塑料无法比拟的“合页”特性，常被用于文具、洗发水瓶盖的整体弹性铰链，避免了较为繁琐的结构和加工工艺。

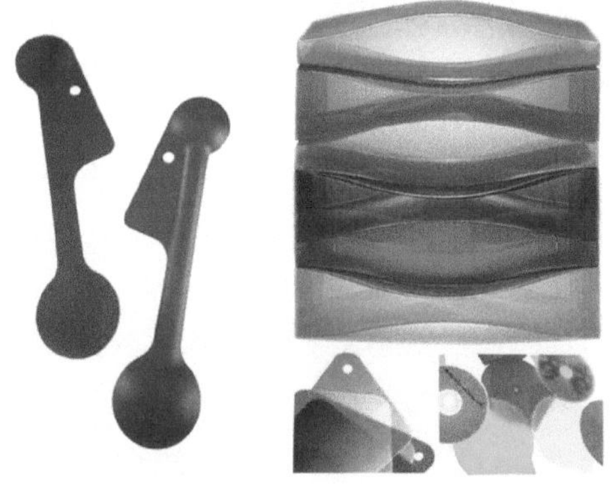

图3-29　聚丙烯塑料制品

聚丙烯塑料可采用吹塑、挤出、注射、热成型等方法加工成型。由于表面光洁、透明等优点，广泛用作食品用具、水桶、口杯、热水瓶壳等家庭用品及各种玩具、饮料包装、农业品的货箱以及化学药品的容器等。聚丙烯薄膜具有一定的强度和透明度，大量用作包装材料。聚丙烯表面经处理后，可以电镀，其电镀制品耐热性比ABS塑料好。采用聚丙烯制的纤维称为丙纶，用作渔网、无纺布、编织袋。图3-29为聚丙烯塑料制品。

3. 聚苯乙烯（PS）

聚苯乙烯塑料为热塑性塑料，其质轻，密度为1.04～1.09 g/cm^3，表面硬度高，有良好的透明性，有光泽，易着色，具有优良的电绝缘性、耐化学腐蚀性、抗反射线性和低吸湿性。制品尺寸稳定，具有一定的机械强度，但质脆易裂，抗冲击性差，耐热性差，可通过改性处理，改善和提高性能，如高抗聚苯乙烯（HIPS）、ABS、AS等。聚苯乙烯塑料的加工性好，可用注射、挤出、吹塑等方法加工成型，主要用来制造餐具、包装容器、日用器皿、玩具、家用电器外壳、汽车灯罩及各种模型材料、装饰材料等。聚苯乙烯经发泡处理后可制成泡沫塑料，具有优越的抗冲击性能，可用于制作包装用品，而且具有优越的绝热性能，可用于制作建筑用的绝热材料及快餐方便面容器等制品。图3-30为聚苯乙烯塑料制品。

图3-30　聚苯乙烯塑料制品

4. 聚氯乙烯塑料（PVC）

聚氯乙烯塑料为热塑性塑料，其生产量仅次于聚乙烯塑料，在各领域中得到广泛应用。聚氯乙烯具有良好的电绝缘性和耐化学腐蚀性，但热稳定性差，分解时放出氯化氢，因此成型时需要加入稳定剂。聚氯乙烯塑料由聚氯乙烯树脂和添加剂组成，其性能不仅取决于树脂本身，也和添加剂密切相关。聚氯乙烯塑料根据所加增塑剂的多少，分为硬质和软质两大类。硬质聚氯乙烯塑料机械强度高，经久耐用，用于生产结构件、壳体、玩具、板材、管材等。软质聚氯乙烯塑料质地柔软，用于生产薄膜、人造革、壁纸、软管和电线套管等。图 3-31 为聚氯乙烯塑料制品。

5. 聚甲基丙烯酸甲酯塑料（PMMA）

它俗称有机玻璃，为热塑性塑料。聚甲基丙烯酸甲酯塑料主要分浇注制品和挤塑制品，形态有板材、棒材和管材等。其种类繁多，有彩色、珠光、镜面和无色透明等品种。有机玻璃质轻（重量约为无机玻璃的一半），透明度高（透光率可达 92% 以上），易着色，具有高强度和热性，不易破碎，耐水性、耐候性及电绝缘性好，但表面硬度低，耐磨性较差，易划伤起毛，从而失去光泽和影响透光性。有机玻璃耐热性低，具有良好的热塑性，可通过热成形加工成各种形状，还可采用切削、钻孔、研磨抛光等机械加工和采用粘接、涂装、印刷、热压印花、烫金等二次加工制成各种制品。有机玻璃主要用于制作有一定透明度和强度要求的产品，如用作广告标牌、绘图尺、照明灯具、光学仪器、安全防护罩、日用器具及汽车、飞机等交通工具的侧窗玻璃等。图 3-32 为有机玻璃管材。

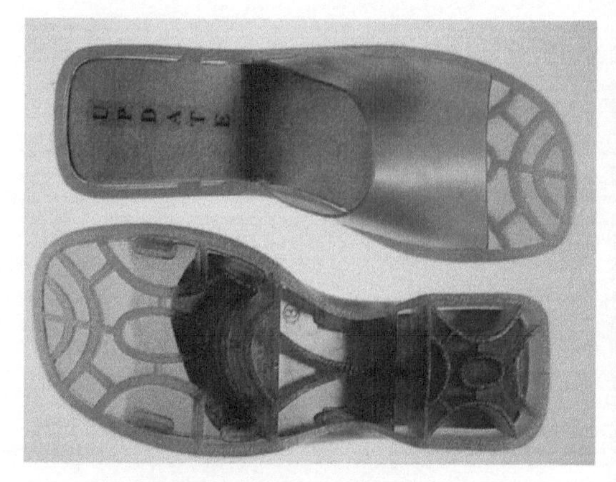

图 3-31　聚氯乙烯塑料制品

图 3-32　有机玻璃管材

6. 酚醛塑料（PF）

酚醛塑料是塑料中最古老的品种，至今仍广泛应用。由酚醛树脂加入填料、固化剂、润滑剂等添加剂，分散混合成压塑粉，经热压加工而得酚醛塑料，俗称电木，为热固性塑料。酚醛塑料强度高，刚性大，坚硬耐磨，制品尺寸稳定；易成型，成型时收缩小，不易出现裂纹；电绝缘性、耐热性及耐化学药品性好，而且成本低廉。酚醛塑料是电器工业上不可缺少的材料，如用作电器插座、开关、灯头等。酚醛塑料还可以用作铸塑材料，制造各种日用品与装饰品。但酚醛塑料性脆易碎，抗冲击强度低，在阳光下易变色，因此产品多做成黑色、棕色等深色。图 3-33 为酚醛塑料台灯。

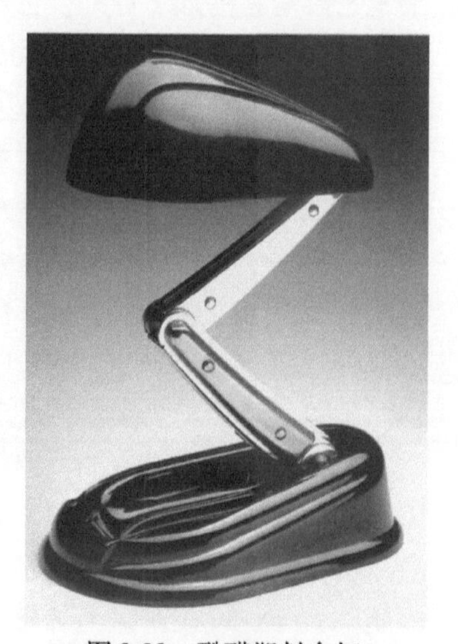

图 3-33　酚醛塑料台灯

二、工程塑料

1. ABS 塑料

ABS 塑料是丙烯腈（A）-丁二烯（B）-苯乙烯（S）的三元共聚物，它综合了三种组分的性能，其中丙烯腈具有高的硬度和强度、耐热性、耐油性和耐腐蚀性好；丁二烯具有抗冲击性和韧性；苯乙烯具有表面高光泽性、易着色性和易加工性。上述三组分的特性使 ABS 塑料成为一种“质坚、性韧、刚性大”的综合性能良好的热塑性塑料。调整 ABS 三组分的比例，其性能也随之发生变化，以适应各种应用的要求，如高抗 ABS、耐热 ABS、高光泽 ABS 等。ABS 塑料的成型加工性好，可采用注射、挤出、热成型等方法成型，可进行锯、钻、锉、磨等机械加工，可用三氯甲烷等有机溶剂粘接，还可进行涂饰、电镀等表面处理。ABS 塑料还是理想的木材代用品和建筑材料等。ABS 塑料强度高，轻便，表面硬度大，非常光滑，易清洁处理，尺寸稳定，抗蠕变性好，宜作电镀处理材料，其应用领域仍在不断扩大。ABS 塑料在工业中应用极为广泛。ABS 注射制品常用来制作壳体、箱体、零部件、玩具等。挤出制品多为板材、棒材、管材等，可进行热压、复合加工及制作模型。图 3-34 为 ABS 开瓶器。

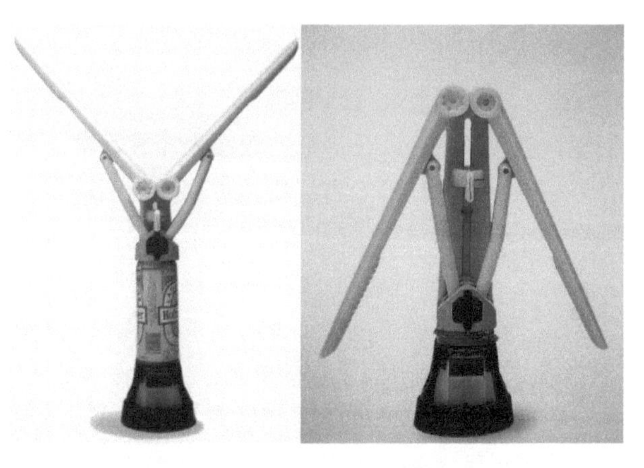

图 3-34　ABS 开瓶器

2. 聚酰胺塑料（PA）

聚酰胺塑料，俗称尼龙，是最早发现的能承受载荷的热塑性工程塑料，通常为白色至浅黄色半透明固体，易着色，具有优良的机械强度，抗拉，坚韧，抗冲击性，耐溶剂性，电绝缘性良好。聚酰胺塑料最大的特点是摩擦因数小，具有良好的耐磨性与自润性，是一种优良的自润滑材料。但它吸湿性较大，影响性能和尺寸稳定性。聚酰胺品种较多，常见的有尼龙 6、尼龙 66、尼龙 610、尼龙 1010 等。聚酰胺塑料加工性能好，可采用注射、挤出、浇铸、模压等方法成型，多用于制作各种机械和电器零件，如轴承、齿轮、叶片、密封圈、电缆接头等，还用于制作包装用的拉伸薄膜、管材、软管等制品，还可以加工成纤维来使用，制作假发，其丝织品称锦纶。图 3-35 为尼龙轴承。

图 3-35　尼龙轴承

3. 聚碳酸酯塑料（PC）

图 3-36 聚碳酸酯塑料波纹板

聚碳酸脂是一种用途广泛的、透明的、淡褐色的热塑性工程塑料。这种塑料的冲击性能好，并且具有良好的耐蠕变性、耐热性、低温特性、耐候性等，使用温度范围广，可达 100～135℃，具有自熄性。由于聚碳酸酯的吸水率小，具有好的尺寸稳定性，易于成型加工。聚碳酸酯塑料透明，具有高透明率，表面光泽好。聚碳酸酯塑料是综合性能优良的工程塑料，被称为透明金属，适合制作尺寸精度要求高的制品，广泛用于制作家电及电子设备零件，信号灯镜片、工程用旋转灯等电器制品，电动工具、铁道车辆、汽车、飞机等机械零件，以及窗用玻璃、安全帽、电话机壳等制品，也可作为包装用薄膜、窗玻璃、防弹玻璃等。其缺点是耐疲劳性能较差，容易生脆导致破裂；耐碱性差，在高温下易引起分解。图 3-36 为聚碳酸酯塑料波纹板，图 3-37 为采用聚碳酸酯塑料板制作建筑采光顶棚。

图 3-37 聚碳酸酯塑料采光顶棚

4. 饱和聚酯塑料

饱和聚酯塑料即线型热塑性饱和聚酯，主要品种为聚对苯二甲酸乙二酯（PET）和聚对苯二甲酸丁二酯（PBT）。其中 PET 塑料较为常用，具有良好的力学性能、耐磨性、抗蠕变形、电绝缘性和阻隔性，吸水透气性差。PET 塑料薄膜透明性好，强度高，耐化学腐蚀性和电绝缘性良好，经双向定向拉伸后，拉伸强度可达钢材的 1/3～1/2，为最强韧的热塑性薄膜，多用于制作磁带、胶片、包装薄膜及片材。用 PET 拉伸吹塑制得的容器瓶质轻，高强，不易破碎，透明且富光泽，透气性差，多用于包装食品、药品和饮料等。PET 玻璃纤维增强塑料具有优异的强韧性和耐热性，易成型加工，易着色，多用于制作汽车零部件、体育用品及建筑材料。图 3-38 为 PET 塑料啤酒瓶。

图 3-38 PET 塑料啤酒瓶

5. 聚甲醛塑料（POM）

聚甲醛塑料由甲醛聚合而得，可分为均聚和共聚，是一种高结晶、高密度的热塑性工程塑料。聚甲醛塑料外观呈乳白色或淡黄色，着色性好，其耐疲劳性在热塑性塑料中为最好，具有优异的力学性能，摩擦因数小，耐磨性好，耐蠕变性、耐化学腐蚀性和电绝缘性良好，但其热稳定性差，高温下易分解、易燃。它多采用注射、挤出、吹塑及二次加工等方法制成各种塑料制件。聚甲醛塑料综合性能较好，可代替有色金属及合金，适用于制作机械零件，广泛用于汽车工业、机械制造业、电器仪表、化工业及轻工业等。图 3-39 为 聚甲醛塑料挂夹子。

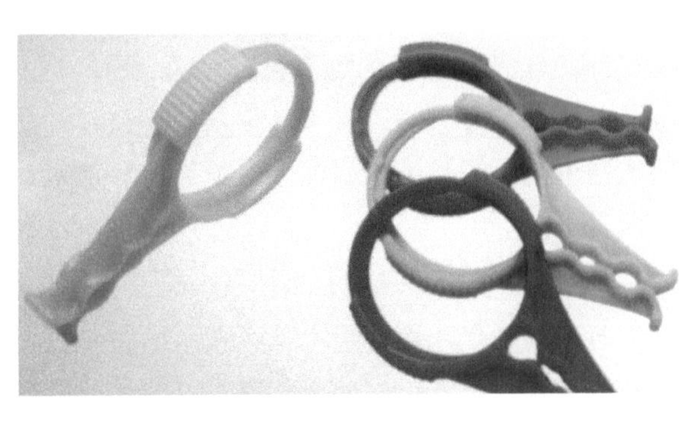

图 3-39　聚甲醛塑料夹子

6. 氟塑料

氟塑料是分子中含有氟原子的塑料的总称，具有优异的耐蚀性、耐高低温性和电绝缘性，还具有不燃、不粘及摩擦因数小等特点，是优良的耐高温材料和绝缘材料。其主要品种有聚四氟乙烯、聚三氟氯乙烯等。聚四氟乙烯（PTFE）是以四氟乙烯聚合而得的粉末状固体，不能热塑成型，多采用冷压烧结法制成板材、管材、棒材、薄膜及零部件等塑料制品。聚四氟乙烯塑料制品色泽洁白，有蜡状感，其化学稳定性优越，不溶于浓酸、浓碱、强氧化剂及有机溶剂，有“塑料王”之称。聚四氟乙烯塑料的摩擦因数特别小，有自润滑性，不粘性好，耐老化，耐高低温，介电性能优异，不受温度、湿度及工作频率影响。它多用来制作减摩密封零件和对性能要求较高的耐腐蚀物件，如管道、容器、阀门等。图3-40为氟塑料衬里直流阀。

图 3-40　氟塑料衬里直流阀

7. 聚氨酯弹性体（PU）

聚氨酯弹性体是一种密实制品，性能介于塑料和橡胶之间，既有橡胶的高弹性，又有塑料的热塑加工性，是一类新兴的高分子材料。聚氨酯弹性体具有较好的耐磨性和耐老化性，耐化学腐蚀性和耐油性良好，抗裂强度大，富有弹性和强韧性，可用于制作汽车轮胎、汽车零件、制鞋材料、建筑材料等。图3-41为聚氨酯胶辊。

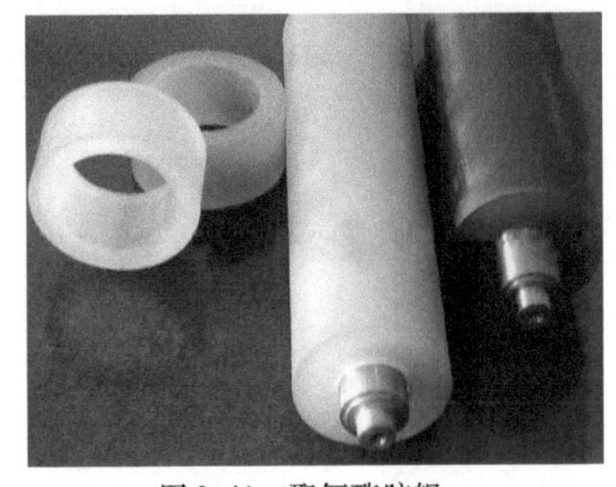

图 3-41　聚氨酯胶辊

8. 环氧塑料（ER）

环氧塑料是以环氧树脂为主要成分，加入固化剂，在室温或加热条件下浇铸或模塑而得的热固性塑料。环氧树脂具有优异的粘接性，有“万能胶”之称。环氧树脂耐化学稳定性和电绝缘性优良，有良好的加工性能，在塑料工业中用途广泛，它在工业、电器、机械、土木、建筑等工业各部门可用作粘接剂、涂料、灌封材料、层压品及浇注品材料等。环氧塑料比强度高，耐热性、耐蚀性、绝缘性和加工成型型好，主要用于制造各种绝缘器件、塑料模具等。

9. 有机硅塑料（SI）

有机硅塑料是由分子主链上含有硅氧结构的有机硅树脂与添加剂配置而成的热固性塑料，是一种介于无机玻璃与有机化合物之间的性能特殊的高分子材料。它具有优异的耐热性、耐寒性、耐水性、耐化学药品性和电绝缘性，其缺点是机械强度低，成本高，不耐强酸和有机溶剂。有机硅塑料主要用来制作层压板、耐热垫片、薄膜、电绝缘零件等。

10. 氨基塑料（AF）——热固性塑料

氨基塑料是由含有氨基（$—NH_2$）的化合物与甲醛缩聚而得。它主要包括脲醛塑料和三聚氰胺甲醛塑料。

（1）脲醛塑料（UF）　由尿素与甲醛缩聚而得的脲醛树脂与填料等添加剂混合后，经热压成型而得。脲醛塑料色浅，易着色，可着任何鲜艳色彩，其质地坚硬，表面光泽如玉，有“电玉”之称。脲醛塑料有较好的电绝缘性和耐热性，不易划伤，不怕烫，但耐候性、耐水性较差，多用于制作电话机壳体、电气零件、照明设备及日用品（如钮扣、餐具）等。图3-42为脲醛塑料制品。

（2）三聚氰胺甲醛塑料（MF）　又称密胺塑料。由三聚氰胺和甲醛缩聚而得，无毒、无味、易着色、硬度高、光泽好，具有优良的电绝缘性和抗电弧性，机械强度高，耐热性和耐水性比脲醛塑料高。三聚氰胺甲醛塑料制品的外观酷似陶瓷，有“仿瓷塑料”之称。它多用于制造各种耐热、耐水的食具，也可多用于制造各种工业零件。图3-43为密胺塑料餐具。

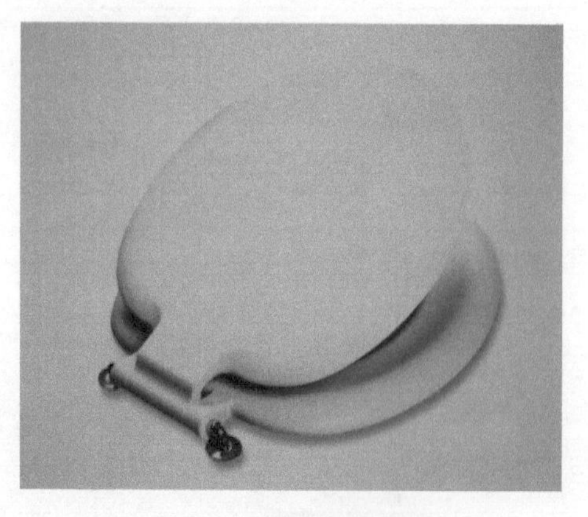
图3-42　脲醛塑料制品

图3-43　密胺塑料餐具

三、泡沫塑料

泡沫塑料又称微孔塑料，是以树脂为基料，加入发泡剂等助剂制成的内部具有无数微小气孔的塑料。采用机械法、物理法、化学法进行发泡，可用注射、挤出、模压、浇铸等方法成型，它具有质轻（密度一般在0.01～0.5g/cm³之间）、隔热、隔音、防震、耐潮等特点。按内部气孔相连情况，可分为开孔型和闭孔型。前者气孔相互连通，无漂浮性；后者气孔相互隔离，有漂浮性。按力学性能，可分为硬质和软质两类。硬质泡沫塑料可用做隔热保温材料、隔音防震材料等；软质泡沫塑料可用作衬垫、座垫、拖鞋、泡沫人造革等。常见的泡沫塑料有聚苯乙烯泡沫塑料（见图3-44）、聚氨酯泡沫塑料（见图3-45）、聚乙烯泡沫塑料（见图3-46）等。

图3-44 聚苯乙烯泡沫塑料

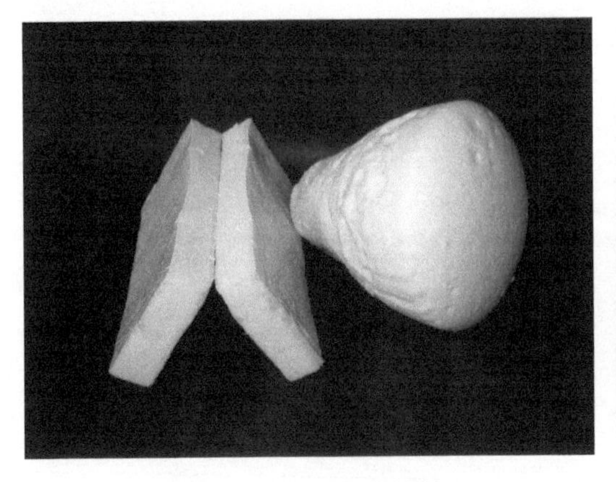
图3-45 发泡聚氨酯材料

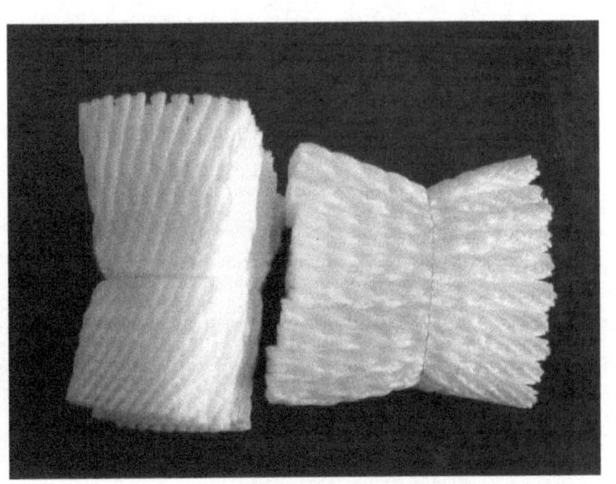
图3-46 发泡聚乙烯水果包装套

第五节 塑料在产品设计中的应用

塑料制品是从19世纪开始出现的，第一种塑料赛璐珞（即硝化纤维塑料）于1865年问世。像其他新材料一样，它引起了设计师们小小的困惑。在设计师们的头脑中，这些材料属于模仿和替代已有产品的范畴。而塑料制品真正的繁荣是在20世纪50年代。到了20世纪60年代，塑料达到了一个繁荣鼎盛的时期，塑料制品变成了一个政治符号——可连续生产、便宜，不论社会那个阶层都可以享受得起。通过对现有技术的改进，塑料制品几乎可以做成任何形状，在设计中有了无限广阔的空间，产生了一大批采用塑料设计的优秀的作品。

塑料材质具有优美舒适的质感，具有适当的弹性和柔度，给人以柔和、亲切、安全的触觉质感，塑料表面美观、光滑、纯净，可以注塑出各种形式的花纹皮纹，容易整体着色，色彩艳丽，外观保持性好，可模拟出其他材料的天然质地美，如可获得金属的光泽表面和不同纹迹的柔和外观表面，模仿天然大理石而制成人造大理石，在塑料中加入珠光粉能像珍珠般发亮，达到以假乱真的各种不同材质的外观效果，大量用作外观装饰材料。

今天，新的技术正在被用于定制、延伸，并且改变材料的物理性能，即以发明新的性能来赋予材料变化的力量。塑料制品可以像玻璃一样透明，可以像纤维一样柔韧，也可以像铝一样具有金属的特性。由于塑料的多样性、丰富性，它已经不再是附着在物体上的被动的角色，而是表现色彩和情感的最佳媒介，已经成为工程师以及设计师参与设计目标的生动工具。

随着人们对塑料的越来越熟悉，塑料成本低廉，成型方便、形式多样，以及表面肌理、色彩变化丰富等特点被人们充分利用，塑料自身的特点被真正的发掘出来。以下是塑料制品的设计实例，可供学习者借鉴。

［**设计实例**］

1. “C”型光碟盒（见图3-47）

如果简单是完美设计的关键，那么“C”型光碟盒可谓是上乘之作。它的大小和重量使得它非常适合光碟的运输和存储，它是如此的薄，只有传统CD盒厚度的一半。它结构简单到极致，由单独一片PP塑料构成，却为光碟提供完美保护。设计师利用聚丙烯塑料特有的合页性能，即在恰当的结构下弯折数万次不发生断裂的优异抗弯疲劳性能，创造出底盖一体的完美结构。

图3-47　光碟盒

2. 塑料挂夹（见图3-48）

这款塑料衣夹的设计是一个非常好的发挥塑料材料力学特性的成功案例。它的创意来源于Ekco公司的一款沙拉钳的设计，其原理与衣夹相同。利用塑料优良的弹性变形、韧性特征，采用恰当的结构使其特性充分发挥，实现夹、松及自装配（塑料搭扣结构）功能，将其构件数由传统衣夹的三件减至一件。它不仅具有突破传统的外形，而且具有实用的灵活性。它可以是一个夹子，也可以是一个吊环。利用塑料优异的着色性能及透明性，使其制品色彩丰富，并拥有优良的外观质量。利用塑料材料优良的铸造性能，将衣夹构件一次铸造成型，使其制造成本极低。

图3-48　塑料衣夹

3. Oz冰箱（见图3-49）

由设计师Roberto Pezzetta为家电制造商伊莱克斯设计的Oz冰箱。该冰箱采用了聚氨酯泡沫塑料制作的箱体，改变了以往冰箱的金属壳体。Oz冰箱利用泡沫塑料的性能注模发泡成型，在成型过程中固化形成致密光洁的表面，不需要再次进行表面处理，而内部则为发泡结构，具有隔热性能。由于采用同一种材料，Oz冰箱的壳体可以100%回收，符合欧洲环保最高标准；而且Oz冰箱在造型上大胆突破了传统的方方正正的壁橱设计，具有柔和、体贴的曲线形外壳箱体，体态简洁完美，造型美观。Oz 冰箱在布尔诺赢得 1997 年的设计声望奖，并于 1999 年获得荷兰工业设计的一项巨奖。Oz 是泡沫塑料应用于产品设计的典范。

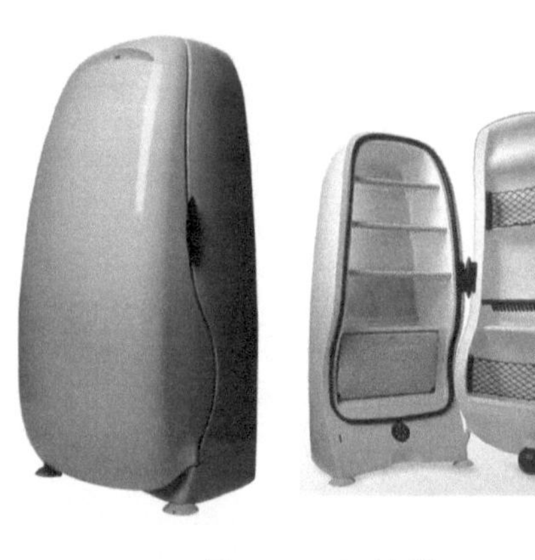

图 3-49 Oz 冰箱

4. “灯站”灯具（见图 3-50）

由巴西设计师 Luciana Martins 和 Gerson de kliveira 设计。灯具由多个照明块体串接组合而成，每个照明块体采用经切割弯成 U 形的乙烯塑料板（4mm 厚），在 U 形塑料板的一侧打孔，使电线能够穿过，同时起到通风冷却作用，灯泡底座用螺钉固定在塑料板的一侧。两个 U 形部件以阴阳槽方式进行插接，可随时开启。

图 3-50 “灯站”灯具

5. 红床与黑床（见图 3-51）

由英国设计师麦特·辛德尔设计，将床的枕头和床垫作为一个整体，采用整块聚酯泡沫塑料进行横向和纵向切割，得到所要求的形态和纹路。该设计充分应用了聚酯泡沫塑料的特性，设计制作这款结构复杂、形态不同寻常的床。

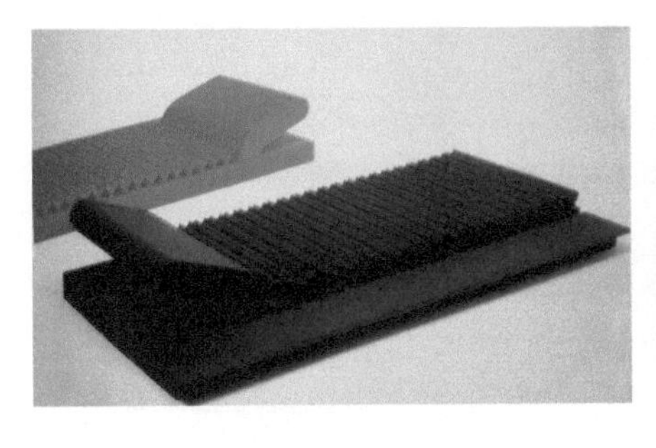

图 3-51 红床与黑床

6. “TOHOT”盐和胡椒摇罐（见图 3-52）

由法国设计师琼·玛丽·马萨德（Jean Marie Massand）设计。设计者通过此设计将盐和胡椒这两个常用的调味品连接在一起。摇罐的罐体采用半透明的聚丙烯塑料注射而成，内嵌的不锈钢和磁铁，将两个罐体连成一体。

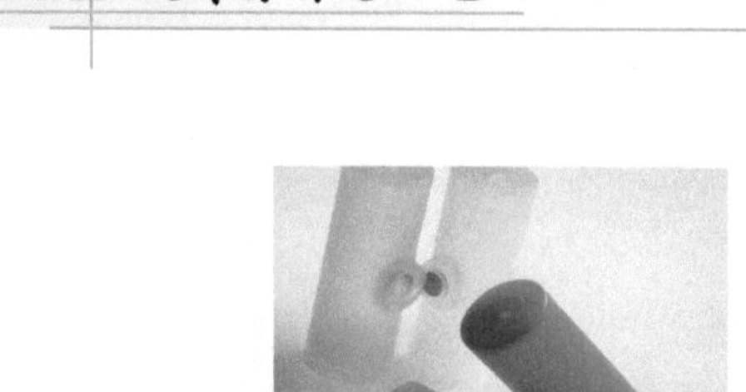
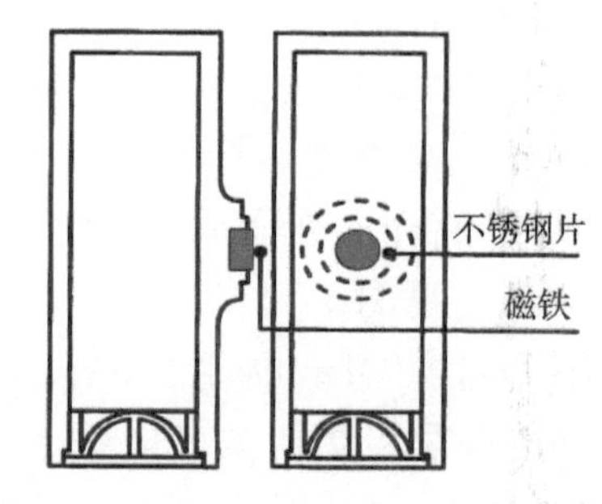

图 3-52　盐和胡椒摇罐

7. “Boalum”软管灯（见图 3-53）

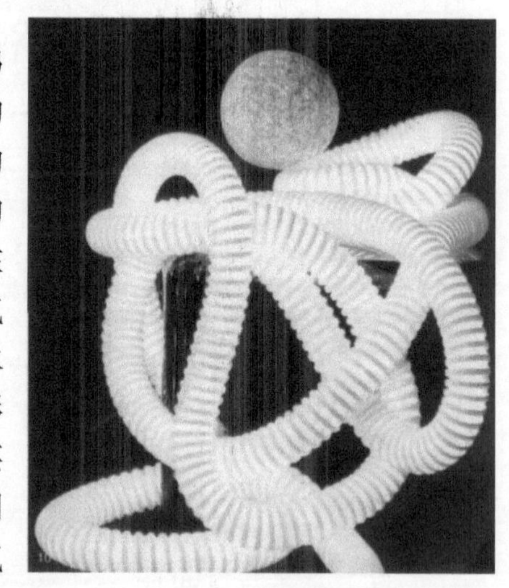

图 3-53　软管灯

利维奥·卡斯蒂廖尼（Livio Castiglioni）和詹弗兰科·夫拉蒂尼（Gianfranco Frattini）共同设计的“Boalum”管状灯。由工业用半透明 PVC 塑料制成的这盏蛇形灯，内部有金属框架支撑，便于固定 5W 的小型灯泡。“Boalum”灯的“波普”特性不仅表现在用材上，可随意摆布的造型也使它浸透着“波普”气息——使用者可以根据需要，或是垂直悬挂，或是水平摆放，甚至还可以自己动手，将其塑造成雕塑形体，也过过雕塑瘾。理论上讲，灯的长度可以在购买时量身定做，每个单位长度是 2m。一般来说，照明设计的功能性目标无非有二：一是照明，二是烘托气氛。而“Boalum”灯似乎都一一做到了，既起到一定的照明作用，也烘托了环境气氛，这多少与中国古代灯笼的设计理念相仿。

8. Jerry 硅树脂灯（见图 3-54）

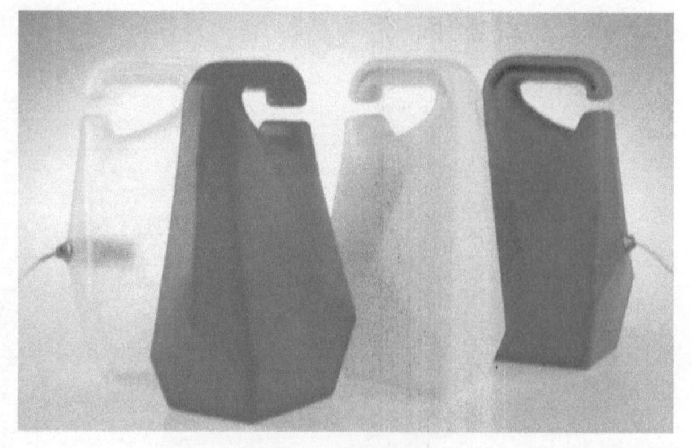

图 3-54　硅树脂灯

Jerry 硅树脂灯是设计师 Luca Nichetto & Carlo Tinti 于 2005 年为意大利设计公司 Casamania 设计的灯具。Jerry 硅树脂灯是一种多功能的灯，采用色彩鲜明、富弹性易清理的创新硅胶塑料制成，它的设计是为了满足多样化的需求，可作为台灯，也可悬挂或钩吊在其他物体上，方便于室内和室外不同使用环境的需求，从而提供时尚的使用价值。硅树脂是一种新型的不易损坏的材料，富弹性且抗刮，是一种色彩鲜明、易清理的新塑料，有着柔软的触感，敲击或掉落时不易损坏，具有优良的力学性能、低应变性、持久性、耐高低温性以及耐候性和化学稳定性。

9. “布兰尼小姐”椅（见图 3-55）

由设计师希诺·库鲁马塔设计，其灵感源于电影《欲望号街车》中布兰尼迪·布瓦的服装。该设计利用丙烯酸树脂浇铸成型的特点，在制作过程中加入的玫瑰花瓣实现了设计师的设计构想。椅子由 3 个部分组成——座位、靠背和扶手。每部分的制作过程是：在一个装满液态丙烯酸树脂的模子中放入玫瑰花，放置时须将花瓣上的气泡拍吸干净，然后用小钳子固定玫瑰花瓣的位置，对椅子的设计和美学质量进行很好的控制，从而完成这款形状精巧的椅子的主体部分。当一切问题都解决之后，这 3 个部分就可以粘在一起，这样就可以达到整体的透明性。这把椅子大部分是手工制作的，制作过程可以在室温下进行，模具成本也相对较低。

图 3-55 “布兰尼小姐”椅

10. “LoTo”落地灯和台灯（见图 3-56）

由意大利设计师古利艾尔莫·伯奇西设计的“Loto”灯，其特别之处在于灯罩的可变结构。灯罩是由两种不同尺寸的长椭圆形聚碳酸酯塑料片与上下两个塑料套环相连接而成，灯罩的形态可随着塑料套环在灯杆中的上下移动而改变。这种可变的结构是传统灯罩结构与富有想象力的灯罩结构的有机结合。

图 3-56 落地灯和台灯

第六节　橡胶材料及应用

橡胶也属于高分子材料，具有高分子材料的共性。橡胶具有独特的高弹性，用途十分广泛，应用领域包括人们的日常生活、医疗卫生、文体生活、工农业生产、交通运输、电子通信和航空航天等，是国民经济与科技领域中不可缺少的高分子材料之一。图 3-57 为橡胶制品。

图 3-57　橡胶制品

一、橡胶的特性及分类

1. 基本橡胶特性

橡胶材料是指在较大变形之后能够迅速有力恢复到原状的材料。常温下的高弹性是橡胶材料的独有特征，因此橡胶也被称为弹性体。橡胶的高弹性表现为，在外力作用下具有较大的弹性变形，最高可达 1000%，除去外力后变形很快恢复。此外，橡胶比较柔软，硬度低。

2. 分类

橡胶的分类很多，通常按以下方法分类：

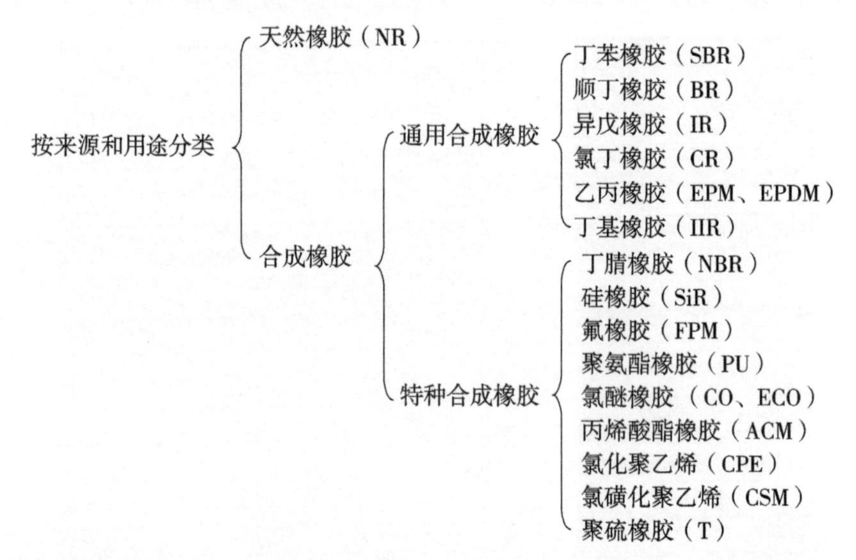

二、常用橡胶材料

（一）天然橡胶

天然橡胶（natural rubber，NR）是从自然界的植物中采集出来的一种弹性体材料（见图 3-58），这些植物包括巴西橡胶树（也称三叶橡胶树）、银菊、橡胶草、杜仲草等。巴西橡胶树含胶量多，质最好，产量最高，采集最容易。目前，世界天然橡胶总产量的 98% 以上来自巴西橡胶树。

天然橡胶具有很好的弹性，在通用橡胶中仅次于顺丁橡胶。天然橡胶具有较高的力学强度、良好的耐屈挠疲劳性能，并具有良好的气密性、防水性、电绝缘性和隔热性。

天然橡胶的加工性能好，表现为容易进行塑炼、混炼、压延、压出等。但应防止过炼，降低力学性能。

天然橡胶的缺点是耐油性、耐臭氧老化性和耐热氧老化性差。

天然橡胶是很好的通用橡胶材料，具有最好的综合力学性能和加工工艺性能，可以单用制成各种橡胶制品，也可与其他橡胶并用，以改进其他橡胶的性能如成型黏着性、拉伸强度等。它广泛应用于轮胎、胶管、胶带及各种工业橡胶制品。所以，天然橡胶是用途最广的橡胶品种。

图 3-58　天然橡胶的采集

（二）合成橡胶材料

1. 丁苯橡胶（SBR）

丁苯橡胶是丁二烯和苯乙烯的共聚物，是最早工业化的合成橡胶。

丁苯橡胶的分子结构不规整，属于不能结晶的非极性橡胶，因此，丁苯橡胶的生胶强度低，必须加入增强剂增强后，才具有实际使用价值。丁苯橡胶的耐热性、耐老化性、耐磨性均优于天然橡胶。但弹性、耐寒性较差。通过调整配方（如与天然胶并用）和工艺条件，可改善或克服丁苯橡胶的力学性能和加工性能的不足。

丁苯橡胶主要应用于轮胎业，也应用于胶管、胶带、胶鞋以及其他橡胶制品。

2. 顺丁橡胶（BR）

顺丁橡胶即聚丁二烯橡胶，是通用橡胶中弹性和耐寒性最好的一种，具有优异的弹性和耐低温性能；耐磨性能优异，顺丁橡胶的耐磨耗性能优于天然橡胶和丁苯橡胶，特别适合要求耐磨性的橡胶制品，如轮胎、减振垫片、鞋底、鞋后跟等；吸水性低。顺丁橡胶的吸水性低于天然橡胶和丁苯橡胶，可应用于绝缘电线等要求耐水的橡胶制品；拉伸强度与撕裂强度低，均低于天然橡胶和丁苯橡胶，因而在轮胎胎面中掺用量较高时，不耐刺扎和切割；抗湿滑性能差，在车速高、路面平滑或湿路面上使用时，易造成轮胎打滑，降低行使安全性。

顺丁橡胶一般很少单用，通过与其他通用橡胶并用，以改善顺丁橡胶在拉伸强度、抗湿滑性、黏合性能及加工性能方面所存在的不足。

3. 丁基橡胶（HR）

由聚异丁烯和橡胶基质合成，配料中可以使用氯元素。

丁基橡胶最独特的性能是气密性非常好，特备适合制作气密性产品，如内胎、球胆、瓶塞等。丁基橡胶具有很好的耐热性、耐气候老化性、耐臭氧老化性、化学稳定性和绝缘性，水渗透率极低，耐水性能优异，弯曲强度、剪切强度和耐磨能力都接近天然橡胶，但其强韧性和耐用性较差。丁基橡胶适合应用于高耐热、电绝缘制品。

4. 乙丙橡胶（EPR、EPDM）

EPR——乙烯和丙烯的聚合物。

EPDM——乙烯丙烯和二烯烃的化合物。

乙丙橡胶具有优异的热稳定性和耐老化性能，是现有通用橡胶中最好的。耐化学腐蚀性能好，乙丙橡胶对各种极性的化学药品和酸、碱有较强的抗耐性，长时间接触后其性能变化不大；具有较好的弹性和低温性能，在通用橡胶中弹性仅次于天然橡胶和顺丁橡胶；电绝缘性能优良，尤其是耐电晕性能好；耐水性、耐热水和水蒸气性能优异。

乙丙橡胶主要用于制造除轮胎外的汽车部件，其中用途最大的是车窗密封条、散热器软管等水系统软管。

5. 氯丁橡胶（CR）

氯丁橡胶是所有合成橡胶中相对密度最大的，约为1.23～1.25。由于氯丁橡胶的结晶性和氯原子的存在，使它具有良好的力学性能和极性橡胶的特点。氯丁橡胶属于自增强橡胶，生胶具有较高的强度，硫化胶具有优异的耐燃性能和黏合性能，耐热氧化、耐臭氧老化和耐天候老化性能好，仅次于乙丙橡胶和丁基橡胶，耐油性仅次于丁腈橡胶。氯丁橡胶的低温性能和电绝缘性能较差。

氯丁橡胶主要应用在软管、电线电缆的外皮、阻燃制品、耐油制品、耐天候制品、黏合剂等领域。

6. 丁腈橡胶（NBR）

丁腈橡胶是丁二烯和丙烯腈的聚合物，属于非结晶性的极性不饱和橡胶，具有优异的耐油和耐溶剂的性能，耐油性仅次于聚硫橡胶、氟橡胶和丙烯酸酯橡胶。丁腈橡胶需加入增强性填料增强后才具有适用的力学性能和较好的耐磨性。

丁腈橡胶广泛用于耐油制品，如接触油类的胶管、胶辊、密封垫圈、储槽衬里、飞机油箱衬里以及大型油囊等以及抗静电制品。丁腈橡胶具有较好的相容性，常进行并用。

7. 硅橡胶

硅橡胶是橡胶材料中的高端产品，由硅氧烷与其他有机硅单体共聚的聚合物。硅橡胶属于一种半无机的饱和、杂链、非极性弹性体，它在质地和手感上与有机橡胶相似，却拥有完全不同的结果。通用性型硅橡胶具有优异的耐高、低温性能，在所有的橡胶中具有最宽广的工作温度范围（100～350℃）；优异的耐热氧老化、耐天候老化及耐臭氧老化性能；极好的疏水性，使之具有优良的电绝缘性能、耐电晕性和耐电弧性；低的表面张力和表面能，使其具有特殊的表面性能和生理惰性以及高透气性，适于作生物医学材料和保鲜材料。

由于液态硅橡胶的流动性好，强度高，更适宜制作模具和浇注仿古艺术品。

三、橡胶在设计中的应用

橡胶作为一类高弹、柔韧、安全的高分子材料，其应用不断深化和发展，广泛用于生产各种工业制品和日用品。

［设计实例］

1. Eye 数码相机（见图 3-59）

这是一个关于橡胶数码相机的研究项目，这款为日本奥林巴斯光学公司提出的弹性数码相机概念研究，是洛夫格罗夫就动力弹性橡胶材料及其在实用人体工程学中的使用研究的成果。这一研究成果将这种材料用于消费类产品并制造出生物有机形态的结构，从而激发了新一代产品设计观念——非贵重、非机械、柔软和感性，比传统的产品具有更大的可复原性。就像身体的外延，使这一相机的方式更加符合人体构造，更接近独立和自由。

图 3-59　数码相机

2. 硅橡胶罐子（见图 3-60）

这组蓝色的罐子采用硅橡胶制做。这种硅橡胶的弹性不大，恢复原状需要施加外力，而且可以随意折叠，让它形成我们想要的样子，甚至可以把它里外颠倒。硅橡胶也能让这种随意的形态保持下去，因此我们可以每天都有一个新的罐子。

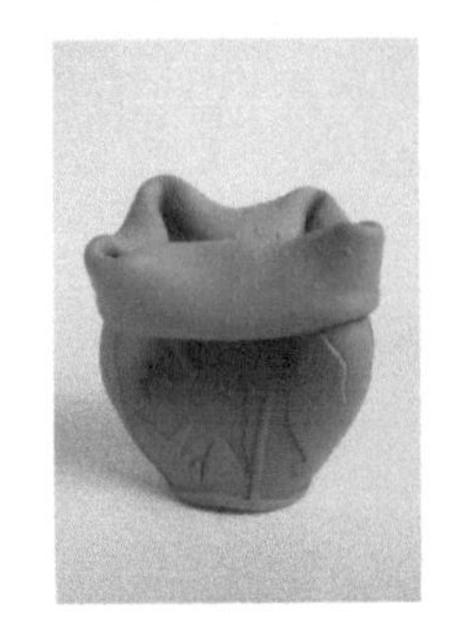

图 3-60　硅橡胶罐子

3. “线龟”缠线器（见图 3-61）

由 Flex Development B. V. Dutch 设计。该产品的设计是“独特而简单的革新”，在日内瓦国际发明展览会上获得金奖。产品由两个相同的部分组成，通过中心轴铆在一起，采用热塑性橡胶材料（SBR）注射成型。这个产品具有各种鲜艳的颜色，可以将分散在工作台面及电器设备后面垂下来的电线收拾整齐。使用时将两个小碗向外

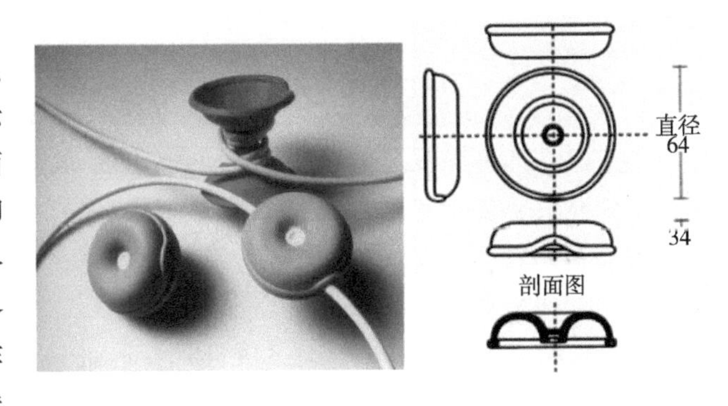

图 3-61　缠线器

掰开，将电线缠绕到中轴上，直到每一端留下所需长度，然后将小碗向里翻折，包住缠绕的电线，每个小碗的边缘上都有一个唇口，可让电线伸出来。

4. “令人惊异”花瓶（见图3-62）

由荷兰设计师约翰·巴克曼思（Johan Bakermans）设计。该产品由两部分组成，瓶身和底座采用同一种热塑性材料（SEBS），采用注射成型法成型。该产品的特性在于：1）花瓶口柔软，可翻卷成各种形状。2）以往的花瓶瓶身不能变化，只能通过调整花束来适应花瓶，而该花瓶可通过调整瓶身形状来适应花束，适应了各种花束的需求。3）瓶身和底座两个部件都可叠放，便于包装和运输。

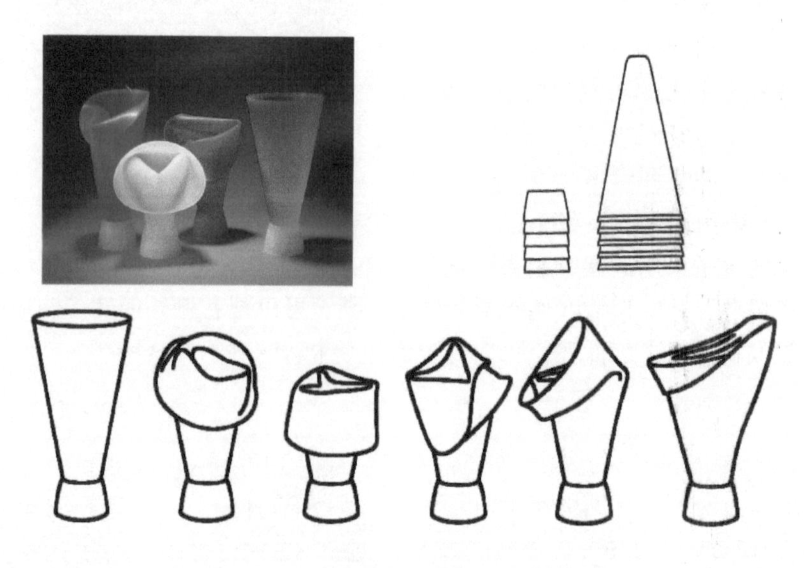

图3-62 花瓶

5. “Mollle”台灯（见图3-63）

法国设计师克利斯托菲·皮利特（Christophe Pillet）设计的这款台灯极富创造性，灯体可以像手腕那样灵活弯曲，灯体采用高密度橡胶材料，外观柔和，触感舒适。灯罩的透光镜采用白色聚碳酸酯塑料热塑成型，为防止灯体倾倒，基底安装了较重的铸件。

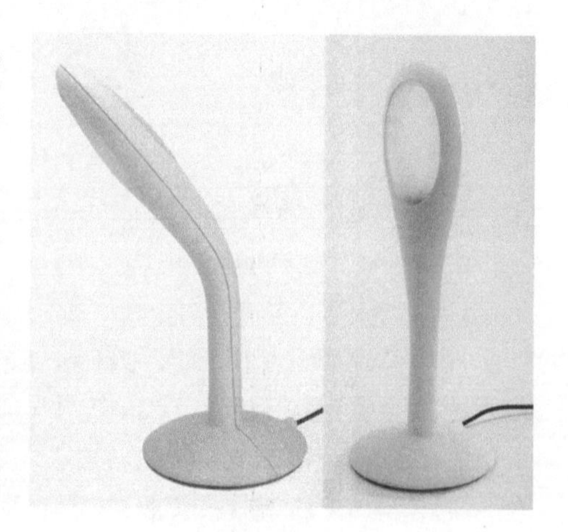

图3-63 台灯

6. 下落壁灯（见图3-64）

由法国设计师马克·萨德勒设计，壁灯的灯罩采用柔软有弹性的硅橡胶以注塑方式成型，通过表面有圆形小突点的灯罩散发出柔和的光线，基座采用透明聚碳酸酯材料制作，使光线投射到壁灯四周的墙上。

7. OXO 削皮刀（见图3-65）

由 Smart Design 设计公司开发设计，该产品综合了美学、人机工程学、材料选择、加工工艺等方面的成功属性，给人以精致、现代的感觉，削皮刀的椭圆形手柄和手柄上的鳍片设计，使手指和拇指能够舒服的抓握，而且便于控制，鳍片的弧形和椭圆形的手柄相呼应，同时使手柄显得更轻巧。手柄材料采用具有较小表面摩擦力的合成弹性氯丁橡胶，这种材料具有良好的弹性，便于手的紧紧抓握，同时又具有足够的硬度保持形状，便以清洗。由于 OXO 产品的成功，氯丁橡胶这种材料也被广泛的应用到家庭生活用品中，成为合适的厨房用具材料。削皮器型芯的延伸部分形成了刀片外的保护板，顶端尖的部分可以用来剔除土豆的芽眼。遮护挡板同时还用来作为整个结构中惟一金属构件即刀片的托架。刀片使用了比以往所有削皮器都更锋利而且寿命更长的优质金属。削皮器尾部的大直径埋头孔，一方面可以方便挂放，同时也使得手柄不会显得过于笨重从而增加了它的美感。和鳍片一起，埋头孔让削皮器有了一种现代的造型，而且帮助公司吸引了比预期更多的用户。

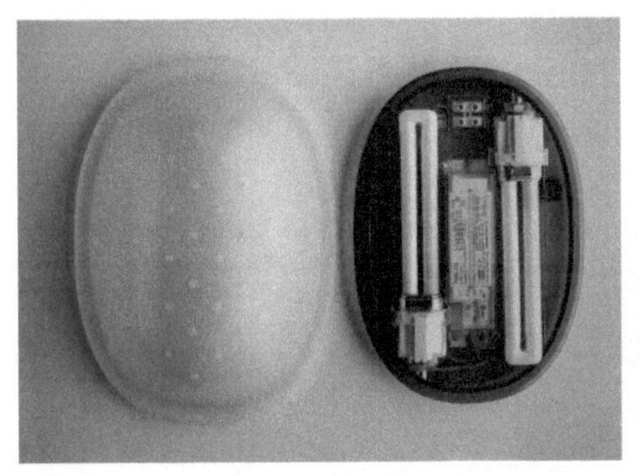

图 3-64　下落壁灯

图 3-65　OXO 削皮刀

思考题

3-1 简述高分子材料的分类、性能特点及应用。

3-2 比较高分子材料与金属材料在性能、加工、应用等方面的区别和联系。

3-3 简述塑料的成分及分类方法。

3-4 试述常用工程塑料的性能特点与应用。

3-5 常用塑料添加剂有哪些？它们起什么作用？

3-6 塑料制品的生产过程是什么？塑料制品成型加工的主要方法有哪些？简述塑料成型加工特点，归纳各类塑料成型方法的优缺点。

3-7 中空成型方法适于成形哪一类塑件？

3-8 分析塑料制品在设计中的特点以及塑料成型与设计的关系。

3-9 简述常用橡胶的性能特点及应用。

3-10 简述橡胶制品生产的工艺流程。

第四章
木材与工艺

学习目的：了解木材的基本性能特点、分类和木材的加工工艺特点，掌握设计中常用的木材品种运用特征。

木材是人类最大的自然资源，是设计材料中最有人情味的一种材料。自古以来，木材一直是最广泛最常用的传统材料，其自然、朴素的特性令人产生亲切感，被认为是最富于人性特征的材料。木材与人类的关系不言而喻，它使人们想起自己与环境的相互依存关系。

在新材料层出不穷的今天，木材在设计应用中仍占有十分重要的地位，对木材的合理开发和使用是人类对自然界的一种尊重。

第一节 木材基本特性

一、木材的组织构造

木材来自树木，树木由根、干、枝、叶等部分组成，我们所说的木材主要来自树木的树干部分，是为树木采伐后经初步加工而得的，主要成分为纤维素、半纤维素和木质素等。

1. 树干的组成

树干是木材的主要部分，由树皮、木质部和髓心三部分组成（见图4-1）。

图4-1 树干的构造

树皮：树皮是树干最外面的一层组织，是形成细胞向外分生的结果。在树干的横断面上，树皮要比木材的颜色深，呈圆筒状，一般树木具有较厚的树皮。树皮是树干的保护层。各种树木的树皮厚薄、颜色、外部形态都不同。因此，树皮是识别原木树种的特征之一。

木质部：木质部是树干的主要部分，它占树干体积70%～93%，我们所用的木材就是树干的木质部。

髓心：髓心位于树干的中心或近于中心，从树木的横断面看，大部分髓心为圆形。

2. 木材的三个切面

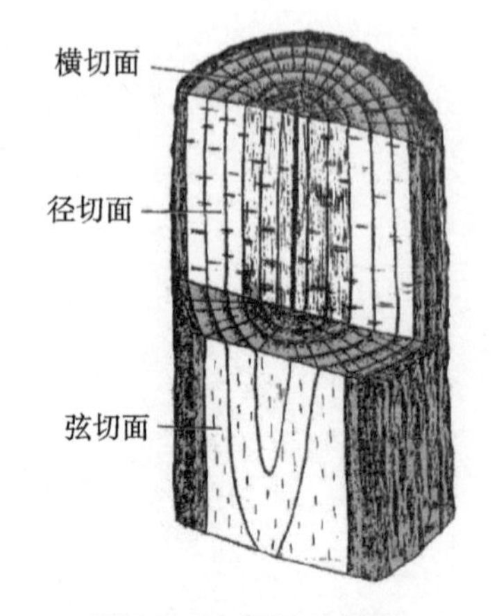

图 4-2　木材的三切面

由于木材的构造在不同的方向上表现出不同的特征，通常从木材的三个切面（见图 4-2）来观察木材的主要特征及内在联系。

横切面：与树干主轴成垂直的切面为横切面。在这个切面上清楚地反映出木材的一些基本特征，它是识别木材特征最重要的一个切面。

径切面：通过髓心与树干纵长方向平行所锯成的切面。由于这个切面收缩小，不易翘曲，沿此切面所锯板材，适用于地板、木尺、乐器的共鸣板等。

弦切面：不通过髓心与树干纵长方向平行所锯成的切面称弦切面。木板材大部分都为弦切板，适用于家具制造等。

径切面和弦切面统称为纵切面。

树木由于生长的条件和环境不同而存在差异和变异性，各树种的内部结构不相同，但每一树种都有一定的构造特征，根据这些构造和特征及其共同规律来识别木材，研究材性、用途等都极为重要。

二、木材的基本特性

木材是在一定自然条件下生长起来的，它的构造特点决定了木材的性能特征，表现如下：

1. 木材的密度

木材由疏松多孔的纤维素和木质素构成。它的密度因树种不同，一般在 $0.3 \sim 0.8 g/cm^3$ 之间。

木材的密度直接受含水率变化的影响。所以，木材的密度可分为生材密度（伐倒新鲜材的木材密度）、全干材密度（经人工干燥时含水率为零的木材密度）、气干材密度（木材经自然干燥，是含水率为 15% 的木材密度）和基础密度（全干材重量除以饱和水分时木材的体积）。

通常以基础密度为一般材性依据，其余均采用气干材密度。

2. 木材与水有关的性质

木材是一种具有吸湿性的多孔性物质，对水分有较大的亲和力，不管是处于水中还是处于大气中的木材，都或多或少的含有一定水分。

（1）含水率　木材中水分的重量与干燥木材重量的比率称为木材的含水率（%），含水率对木材性质影响最大。木材中的含水率随树种、树木生长条件、采伐时间、木材取自树干的部位、木材保存和干燥方式等不同而不同。

（2）调湿特性　木材由许多长管状细胞组成。在一定温度和相对湿度下，对空气中的湿气具有吸收和放出的平衡调节作用，即具有调湿特性。

（3）湿胀干缩性　木材在干燥过程中，发生尺寸或体积收缩。反之，干燥的木材吸

湿，将发生尺寸或体积膨胀。

由于木材构造的不均匀性，在不同方向的干缩值不同。木材的纵向干缩湿胀很小，一般可略而不计；横向干缩湿胀远大于纵向；弦向干缩和湿胀远大于径向。

湿胀干缩对木材使用有很大影响，它会使木材产生裂缝或翘曲变形，以致引起木结构的结合松弛或凸起、装修部件的破坏等。

3. 木材的传导性

（1）木材的导热性　由于木材是多孔性物质，在孔隙中充满导热系数较小的空气和水分，它们对热的传导能力较低，所以木材是热的不良导体。

（2）木材的导电性　全干木材是良好的电绝缘体，随着含水率增大，其绝缘性能降低。

（3）木材的传声性　因为木材中有许多孔隙，成为空气的跑道，空气可以传播声音，故木材也就具有了传声性质。同时，木材还有共振作用，这是因为木材中的管状细胞，好似一个个共鸣箱，许多木质乐器的制作就是利用了木材的这一特性。

4. 木材的工艺性

（1）具有良好的加工型　木材易锯、易刨、易切、易打孔、易组合加工成形，且加工比金属方便。木材的加工性可用抗劈性和握钉力来表示。

抗劈性：木材抵抗沿纹理方向劈开的性质称抗劈性。抗劈裂的能力受木材异向性、节子、纹理等因素影响。

握钉力：它是指木材对钉子的握着能力。木材对钉子的握着能力与木材纹理方向、含水率、密度有关。

（2）具有可塑性　木材蒸煮后可以进行切片，在热压作用下可以弯曲成形。木材可以用胶、钉、榫眼等方法牢固地接合。

（3）易涂饰　由于木材的管状细胞有吸附作用，故对涂料的附着力强，易于着色和涂饰。

5. 木材的力学性质

木材的力学性质是指木材抵抗外力作用的能力。木材力学性质包括各类强度、弹性、硬度和耐磨性等。

（1）木材的强度　木材抗拉伸、压缩、剪切、扭转、弯曲等外力作用的能力称为木材的强度。木材的强度与木材的结构有关，具有各向异性的特征。木材虽没有钢材那么高的强度，但在人类生活领域仍不失为一种强度尚好的承重性材料，是造飞机、轮船、车辆、房屋和家具的优良材料。

（2）木材的弹性　由于木材具有一定的弹性，能减弱对外力的冲击作用，它是做坑木、枕木和冲击工具的把柄的好材料。

（3）木材的硬度　它是木材抵抗其他物体压入的能力。按硬度的大小可将木材分为三类：

软质木材——如红松、樟子松、云杉、冷杉、椴木等。

较硬质材——如落叶松、柏木、水曲柳和栎木等。

硬质材——如黄檀、麻栎、青冈等。

（4）木材的耐磨性　木材抵抗磨损的能力称为耐磨性。木材的耐磨性是选择机器木制零件、附件、梭子、轴承（瓦）、地板等材料时的重要依据。

木材是具有各向异性的材料，木材的各项异性，不但表现在物理性质方面，对木材的各项力学性能，同样具有明显的方向性。

6. 木材的装饰性能

天然生长而形成的纹肌及柔和自然的色泽是木材的两大艺术特质。这两大艺术特质使木材成为一种十分珍贵的装饰材料。

（1）木材的纹理　木材有着天然的年轮印记，记载着木材和自然的对话记录。木材纹理是由年轮（见图4-3）所构成，宽窄不一的年轮记载了自然环境、气候变化及树木的生长。

图4-3　木材年轮

木材的纹理是由细胞的构造形成，根据方向的不同，有直纹理、斜纹理、扭纹理和乱纹理等。木材的纹理是指纵切面上组织松紧、色泽深浅不同的条纹，这些条纹是由纹理、材色及不同锯切方向等因素形成。有的硬木，特别是髓线丰富的硬木，经刨削、磨光加工后，花纹美丽、光可鉴人，变幻的木材纹理赋予了木材生活的气息。

木材构造不同，木纹形状也不同。针叶树由于纹理细，材质软，木纹精细，具有丝绸般光泽和绢画般的静态美；阔叶树由于组织复杂，木纹富于变化，材质较硬，材面较粗具有油画般的动态美，经表面涂装后效果更好。

此外，木材的纹理形状还与木材的锯切方式有着密切关系，横切面为近似同心圆形状，径切面为平行条状，弦切面为抛物线状（见图4-4）。同时木材中经常出现的一些不规则的缺陷，如节子、树榴等，更加增添了表面纹理的偶然性，增加了材质的情趣感。

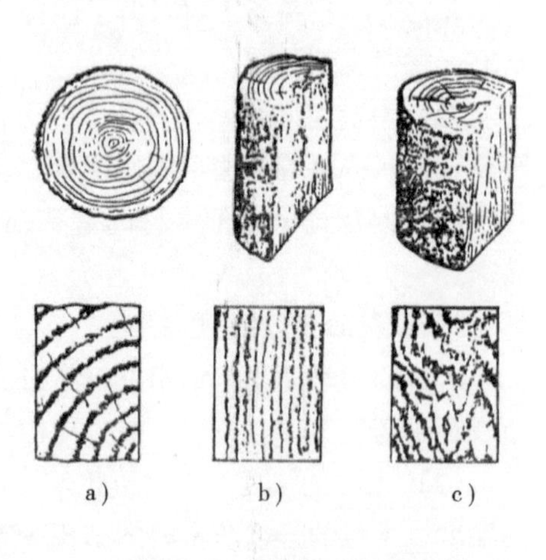

图4-4　木材的三切面
a）横切面　b）径切面　c）弦切面

（2）木材的色彩　色彩是决定木材印象最重要的因素，也是设计中最生动、最活跃的因素。木材有较广泛的色相，大部分的颜色分布在橙黄色和红褐色的暖色带附近，以暖色为基调，给人一种温暖感（见图4-5）。

不同的树种，不同的材色，给人的印象和心理感觉也不同，如紫檀（红木）类色相中红色较重，能给人华丽和现代的印象，且明度较低，又有深沉感。因此，选用木材时要结合用途和场合。需要明亮氛围的可选用云杉、白蜡树、刺楸、白柳桉等明亮淡色彩；需要宁静高雅氛围的可选用柚木、紫檀、核桃木、樱桃木等明度低深色的薄木装饰合板。

7. 木材的缺点

木材由于干缩湿胀容易引起构件尺寸及形状变形和强度变化，发生开裂、扭曲、翘曲等弊病。

木材的着火点低，容易燃烧。木材易变色腐朽、易被虫蛀。

图4-5　木材的色彩

木材这种天然材料，其材料特性会因不同树种、不同产地、不同砍伐季节、不同树木部位、不同加工方式而不同。因此，在木材使用中，为了体现木材天然、美丽的材质，在决定木材加工之前，便要充分考虑加工后的木材要如何应用。如果使用了不恰当的木材或是加工方式，不仅无法展现木材的特色，有些还会因木材的引用错误导致失败的产品。

第二节　木材的工艺技术

木材的加工工艺过程是将木材原材料通过木工手工工具或木工机械设备加工成构件，并将其组装成制品，再经过表面处理，最后形成一件完整的木制品的技术过程。

一、木材的加工成形

1. 木材加工的基本方法

传统的木制品生产是以板方材作为主要原料，经过各种锯割、切削等加工而制成产品。

图4-6　木材的锯割

（1）木材的锯割（见图4-6）　木材的锯割是木材成形加工中用得最多的一种方法。按设计要求将尺寸较大的原木、板材或方材等，沿纵向、横向或按任一曲线进行开锯、分解、开榫、截断、下料时，都要运用锯割加工。

（2）木材的刨削（见图4-7）　刨削也是木材加工的主要工艺方法之一。木材经锯割后的表面一般较粗糙且不平整，因此必须进行刨削加工。木材经刨削加工后，可以获得尺寸和形状准确、表面平整光洁的构件。

（3）木材的凿削　木制品构件间结合的基本形式是框架榫孔结构。因此，榫孔的凿削是木制品成形加工的基本操作之一。

（4）木材的铣削　木制品中的各种曲线零件，制作工艺比较复杂，木工铣削机床是一种万能设备，既可用来截口、起线、开榫、开槽等直线成形表面加工和平面加工，又可用于曲线外形加工，是木材制品成形加工中不可缺少的设备之一。

图 4-7 木材的刨削

(5) 木材的弯曲成形

弯曲成形是用实木软化弯曲或层积木材弯曲成形制作曲木部件的方法，弯曲成形加工方法很多，有实木弯曲、胶合弯曲、碎料模压成形等加工方法。

实木弯曲，是将方材软化处理后，在弯曲力矩作用下弯曲成要求的曲线形状的过程（见图 4-8）。

胶合弯曲，是指将一叠涂了胶的薄板加压弯曲，压力一直保持到胶层固化，制得弯曲部件方法（见图 4-9）。

图 4-8 采用实木条弯曲制作的椅子

图 4-9 采用胶合板材弯曲制作的椅子

2. 木材的连接

木制品在加工成型过程中，需要将若干构件连接在一起。木构件的连接方式，常见的有榫连接、胶连接、螺钉连接、圆钉连接、金属或硬质塑料联结件连接，以及混合连接等。采取不同的连接方式对制品的美观和强度、加工过程和成本，均有很大的影响，需要在产品造型设计时根据质量技术要求确定。下面简要介绍几种常用连接方式。

(1) 榫连接 榫连接是木制品中应用广泛的传统连接方式（见图 4-10）。它主要依靠榫头四壁与榫孔相吻合，装配时，注意清理榫孔内的残存木渣，榫头和榫孔四壁涂胶层要薄而均匀；装榫头时用力不宜过猛，以防挤裂榫眼，必要时可加木楔，达到配合紧实。

图 4-10 木榫结构

榫连接的优点是：传力明确，构造简单，结构外露，便于检查。根据连接部位的尺寸、位置以及构件在结构中的作用不同，榫头有各种形式，如图 4-11 所示。各种榫根据木制品结构的需要有明榫和暗榫之分。榫孔的形状和大小，根据榫头而定。

图 4-11　榫连接的各种形式

（2）胶连接　胶连接是木制品常用的一种连接方式，主要用于实木板的拼接及榫头和榫孔的胶合。其特点是制作简便，结构牢固，外型美观。

装配使用粘合剂时，要根据操作条件、被粘木材种类、所要求的粘接性能、制品的使用条件等合理选择粘合剂。操作过程中，要掌握涂胶量、晾置和陈放、压紧、操作温度、粘接层的厚度五大要素。

目前，木制品行业中常用的胶粘剂种类繁多，最常用的是聚醋酸乙烯酯乳胶液，俗称乳白胶。它的优点是使用方便，具有良好和安全的操作性能，不易燃，无腐蚀性，对人体无刺激作用；在常温下固化快，无需加热，并可得到较好的干状胶合强度，固化后的胶层无色透明，不污染木材表面。但它成本较高，耐水性、耐热性差，易吸湿，在长时间静载荷作用下胶层会出现蠕变，只适用于室内木制品。

（3）钉连接　钉连接强度取决于木材的硬度和钉的长度，并与木材的纹理有关。木材越硬，钉直径越大，长度越长，沿横纹连接，则强度越大，否则强度越小。操作时要合理确定钉的有效长度，并防止构件劈裂。

二、木材制品的表面装饰

木制品加工完成后，不加任何装饰处理的木材表面，虽然自然、真实地反映木材的本来面目，但为了提高制品的表面质量和防腐能力，延长木制品的使用期限，增强制品的外观美感效果，一般需要进行表面装饰。木制品的表面装饰技术主要包括表面涂饰和表面覆贴。

（一）木制品的表面涂饰

木制品表面最常用的方式是表面涂饰，其目的主要是装饰作用和保护作用，详见表4-1。

表4-1　木材表面涂饰的作用

	作　用	内　容
装饰性	增加天然木质的美感	未经油漆涂覆的木材表面粗糙不平，涂饰后可使木器表面形成一层光滑并带有光泽的涂层，增加木纹的清晰和色调的鲜明
	掩盖缺陷	由于木材自身的缺陷和加工痕迹，常出现变色、节疤、虫眼、钉眼，胶合板中亦常有开裂、小缝隙、压痕、透胶和毛刺沟痕。通过涂饰能掩盖缺陷，使木材外观达到所需的装饰效果
	改变木质感	通过涂饰手段，将普通木材仿制成贵重的木材，提高木材的等级，也可根据需要，仿制成大理石、象牙、红木等质感，提高木器的外观效果
保护性	提高硬度	除少数木材，如红木、乌木等比较坚硬耐磨外，一般木材的耐磨性较差，涂饰后会大大加强木材表面硬度
	防水防潮	木材易受空气湿度影响而湿胀干缩，使制品开裂变形，经涂饰后的木制品防水防潮性能有很大的提高
	防霉防污	木材表面含有多种霉菌的养料，容易受霉菌侵蚀。涂饰后的制品一般防霉等级能达到二级左右，并能大大改善木材表面的抗污和抗蚀性能
	保色	木材各有自己的美丽的颜色，如椴木为黄白色；桑木为鹅黄色；核桃木为栗壳色。但时间一长，会失去原有色泽，变得暗淡无色。经涂饰的木材制品能长久的保持木材本色

木制品的表面涂饰通常包括表面前处理、涂料涂饰、涂层干燥与漆膜修整等一系列工序。

由于木材表面不可避免地存在各种缺陷，如表面的干燥度、纹孔、毛刺、虫眼、节疤、色斑、松蜡及其分泌物松节油等，不预先进行表面处理，将会严重影响涂饰质量，降低装饰效果。因此，必须针对不同的缺陷采取不同方法进行涂饰前的表面处理。

木制品的表面前处理工序完成后，就可采用涂刷或喷涂等方法涂饰底漆和面漆。

（1）底层涂饰　其目的是改善木制品表面的平整度，提高透明涂饰及模拟木纹和色彩的显示程度，获得纹理优美、颜色均匀的木质表面。底层涂饰是多道工序的总称，包括刮腻子、刷水色、刷透明漆等。

（2）面层涂饰　底层涂饰完成后便可进行面层的涂饰。面层涂饰按其能否显现木材纹理的装饰性能以及色彩设计的需要，可采用清漆或色漆，即进行透明涂饰和不透明涂饰。

透明涂饰用透明涂料（如各种清漆）涂饰木材表面，主要用于木纹漂亮、底材平整的木制品。采用透明涂饰，不仅可保留木材的天然纹理和颜色，而且还可通过某些特定的工序使其纹理更加明显、木质感更强、颜色更加鲜明悦目（见图4-12）。透明涂饰工艺过程大体上可分为三个阶段，即木材表面前处理（表面准备）、涂饰涂料（包括涂层干燥）和漆膜修整。表面准备包括表面清净、去树脂、脱色、填腻子和嵌补几个工序。涂饰涂料包括填孔、染色、涂底漆和涂面漆；漆膜修整包括磨光和抛光。木本色透明涂饰是追求自然美的表现，是现代产品设计中强调的材质真实性原则。

不透明涂饰是用含有颜料的不透明涂料，如磁漆、调和漆等涂饰木材表面。装饰后，涂层完全遮盖了木材的纹理和颜色，它多用于纹理和颜色较差的木制品（见图4-13）。不透明涂饰工艺大体上也可划分为三个阶段，即表面前处理阶段，包括表面清净、去树脂两个工序；涂饰涂料阶段，包括涂底漆、上腻子、磨光、涂色漆四个工序；漆膜装饰阶段，即对制品进行抛光或罩光。

图4-12　表面进行透明涂饰的柚木桶

图4-13　表面进行不透明涂饰的彩色书架

（二）木制品表面覆贴

表面覆贴是将面饰材料通过粘合剂，粘贴在木制品表面而成一体的一种装饰方法。

表面覆贴工艺中的后成形加工技术是近年来开发的板材边部处理的新技术（见图4-14）。其工艺方法是：以木制人造板（刨花板、中密度纤维、厚胶合板等）为基材，将基材按设计要求加工成所需的形状，覆贴底面的平衡板，然后用一整张装饰贴面材料对板面和端面进行覆贴封边。后成形加工技术改变了传统的封边或包边方式和生产工艺，可制作圆弧型甚至复杂曲线型的板式家具，使板式家具的外观线条变得柔和、平滑和流畅，一改传统家具直角边的造型，增加外观装饰效果，从而满足了消费者的使用要求和审美要求。

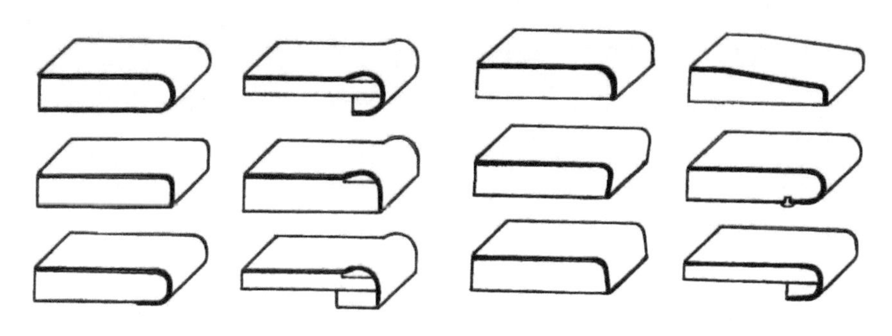

图4-14　后成形加工的边部造型

常用的面饰材料有聚氯乙烯膜（PVC 膜）、人造革、装饰纸、三聚氰胺贴面板、木纹纸、薄木等。

第三节 设计中常用的木材

木材是一种珍贵的自然资源。现代设计用木材，既要充分表现木材的色泽、纹理，又要节约木材，因此必须合理充分地加以利用。木材产品种类繁多，通常可按树种和材种进行分类。

（1）按树种分类 树种是根据树木的生理特征（花、果、叶）进行分类，它是树木学上的分类。按树种木材可分为针叶树材（见图 4-15）和阔叶树材（见图 4-16）两大类。

图 4-15 针叶树林

图 4-16 阔叶树林

针叶树树干通直高大，表观密度小，质软，纹理直，易加工。针叶树木材胀缩变形较小，强度较高，常含有较多的树脂，较耐腐朽。针叶树木材是主要的建筑用材，广泛用作各种构件。装修和装饰部件。常用的树种松、云杉、冷杉、杉、柏等。

阔叶树树干通直部分一般较短，大部分树种的表观密度大，质硬。这种木材较难加工，胀缩大，易翘曲、开裂，建筑上常用作尺寸较小的零部件。有的硬木经加工后，呈现美丽的纹理，适用于室内装修，制作家具和胶合板等。常用的树种有栎、柞、水曲柳、榆、桦、椴木等。

（2）按材种分类 材种则是根据不同机械加工程度、加工方法、不同形状和尺寸以及不同用途而进行的分类。按材种木材可分为原木、锯材和人造板三种。

一、原木

原木是指树木采伐产品（见图 4-17）。原木的运用以刨去树皮为多，不刨树皮的用法多见于室外。去掉树皮的原木展现了木材自然的特质，甚至采用暴露木材的自然生长疤结及其榫卯接口等构造做法，来展现其亲切的、质朴或粗犷的自然风格。

二、木材加工制品

木材加工制品是指伐倒的树干经过去枝去皮后按规格锯成一定长度的木材，又称为锯材（见图4-18）。它分为直接使用的锯材和加工使用的锯材两种。直接使用的锯材一般用作电柱、桩木、坑木以及建筑工程，通常要求具有一定的长度，较高的强度；加工使用的锯材是用以加工其他木制品。锯材按其宽度和厚度的比例关系又可分为板材、方材和薄木等。

图4-17　原木

图4-18　木材加工制品

板材——横断面宽度为厚度的3倍及3倍以上者。

方材——横断面宽度不足厚度的3倍者。

薄木——厚度小于1mm的薄木片。厚度在0.05～0.2 mm的称为微薄木。

三、人造板材

木材比强度大，又易于加工，纹理美观，具有一定的弹性和隔声、隔热性能，是一种良好的工程材料。但木材具有各项异性、不同方向性，在强度、收缩性能等方面均有很大的差异，而且树木在生长中产生的各种缺陷（如节疤、涡纹等）会引起质量不均匀。为了克服木材的上述缺陷，充分合理地利用木材，制造了各种人造板产品。

人造板材是以木材为原料，将其制成薄板或制成短小料、碎料（包括刨花、木屑、纤维等），加入胶粘剂和其他添加剂而压制成的板材。人造板材幅面大，质地均匀，表面平整光滑，变形小，美观耐用，易于加工，有效地提高了木材的利用率。人造板材种类很多，各具特点，常见的有胶合板、刨花板、纤维板、细木工板及各种轻质板等，广泛用于家具、建筑、车船等方面。

1. 胶合板（见图4-19）

胶合板是用旋切或刨切地单板，按相邻层纤维方向互相垂直的方式纵横交错排列，涂胶热压而成的板状材料。其结构特点是组成胶合板的单板为奇数层，以中心层为对称，相邻单板的纹理方向互相垂直（图4-20），可克服木材各向异性的缺陷。胶合板不易开裂和翘曲，幅面大而平整，板面纹理美观，不易干裂、翘曲，装饰性好。常见的有三合板、五合板及其装饰板，广泛用于大面积的部件，多用作隔墙、天花板及家具材料等。

图 4-19 胶合板材

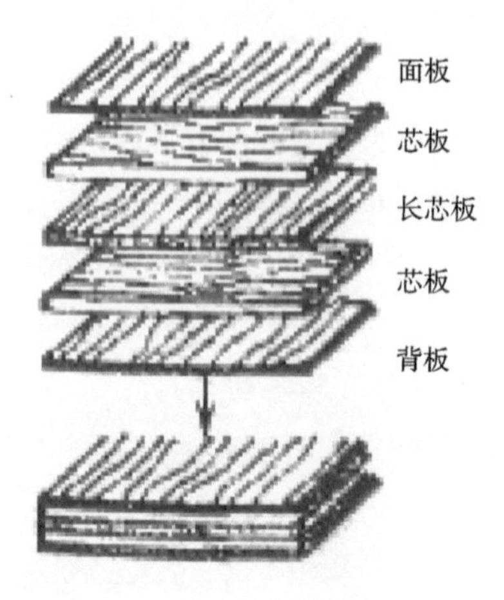

图 4-20 胶合板的结构

2. 刨花板（见图 4-21）

用木材加工剩余物或小径木等作原材料，经专门机床加工成刨花，加入一定数量的胶黏剂，再经成形，热压而制成的一种板状材料。刨花板幅面大，表面平整，隔热、隔声性能好，纵横面强度一致，表面无木纹，可进行贴面等表面装饰，但不耐潮，容重大，不易开榫和着钉。刨花板是制造板式家具的主要材料，还用作吸声、保温、隔热材料。

图 4-21 刨花板材

3. 纤维板（见图 4-22）

以木料加工的废料或植物纤维作原料，经原料处理、成形、热压等工序而制成的板材。纤维板的材质构造均匀，各向强度一致，不易胀缩开裂，具有隔热、吸声和较好的加工性能。按原料分为木质纤维板和非木质纤维板；按板面状态分为单面光纤维板和双面光纤维板；按密度分为硬质纤维板（$>0.8\ g/cm^3$）、中密度纤维板（$0.5\sim0.8\ g/cm^3$）和软质纤维板（$<0.5\ g/cm^3$）。硬质纤维板坚韧密实，多用作家具、车船、包装箱和室内装饰材料；中密

图 4-22 纤维板材

度纤维板多用作家具、器材材料；软质纤维板质轻多孔，多作隔热、吸声材料。

4. 细木工板（见图4-23）

它又称大芯板，一种拼合结构的木质板材。板芯由一定规格的小木条排列胶合而成，在板芯表面胶合一层或两层单板（见图4-24）。按板芯结构可分为实心细木工板和空心细木工板。细木工板具有坚固耐用、板面平整、结构稳及不易变形等特点，是良好的结构材料，广泛用作家具材料、展板材料及建筑壁板等。

图4-23　细木工板材

图4-24　细木工板结构

第四节　木材在产品设计中的应用

近代的设计材料在品种、花色、质量方面虽然有了很大的发展和进步，但都不能代替木材在设计方面的特殊功效。木材作为设计材料具有其他材料所无可比拟的天然特性（木制品与塑料制品特性比较见表4-2）。木材作为一类优良的天然造型材料，在自然界中蓄积量大、分布广、取材方便，具有轻盈、强度高、弹性好、易加工等优良的特性，尤其难得的是有美丽动人的纹理和不需人工渲染的天然色泽。它能给人以淳朴古雅，舒适温暖、柔和亲切的感觉。这种天生丽质，使它无论应用在什么部位，都显示出一种高贵典雅而又朴实无华的自然美（见图4-25）。

图4-25　天然木材制作的杯子

表 4-2　木制品与塑料制品特性比较

原料来源	树木	石油、天然气
原料获取程度	需长时间生长而得（难）	由化学反应合成而得（易）
原料数量	数量有限	大量
原料特性	天然材料 复合组织构造体 各向异性 具有调湿特性	合成材料 均匀单一结构体 各向同性 无调湿特性
成形（成型）特性	多步工序成形 简单加工工具及木工机械 成形时间较长（以时计） 多为手工操作	可一次成型 专业塑料成型机械设备 成型时间较短（以秒计） 机械化成型
成形数量	单件	一次可同时生产多件
制品	表面以木本色、木纹为主 同品种表面外观各异 成本高	表面可呈各种色彩和肌理效果 同品种外观一致 成本低
使用特性	使用寿命长 耐用、不易破损 易变形 易虫蛀、易受霉菌侵蚀	使用期有限、易老化 易破损 稳定 不虫蛀、卫生洁净
感觉特性	自然、亲切、温暖、传统、感性	人造、轻巧、现代、理性
废弃	可燃烧、填埋 资源循环	产生有毒气体、不腐烂 环境污染

［**设计实例**］

1. 木质电插座（见图 4-26）

电插座通常都是以塑料制成，给人一种工业化、标准化的感觉，看多了不免有些乏味。而这款电插座却不同，设计师为避免昂贵的塑料注塑成型法的加工成本，以希纳木板为材料，手工做成。这一材料不仅具有良好的稳定性，而且有精美的淡色纹理。一个普通的、不被人注意的工业产品因此具有了美学上的价值，变得新颖而生动有趣，可以很好的装饰你的家居。

图 4-26　木质电插座

2. 响板剪刀（见图 4-27）

这款由日本长谷川刃物株式会社生产的剪刀引入了通用设计师的概念，不仅正常人使用起来很省力，也方便残疾人的使用。该项设计获得了 2004 年的日本 G-Mark 大奖。剪刀的手柄采用了木材材质，在握放之间，两个手柄互相敲击，发出清脆的响板似的声音。这一细微的特征一下子使这个普通的剪刀变得有情趣了。不同木质的纹理和色彩也起到了天然的装饰作用，很有亲和力。

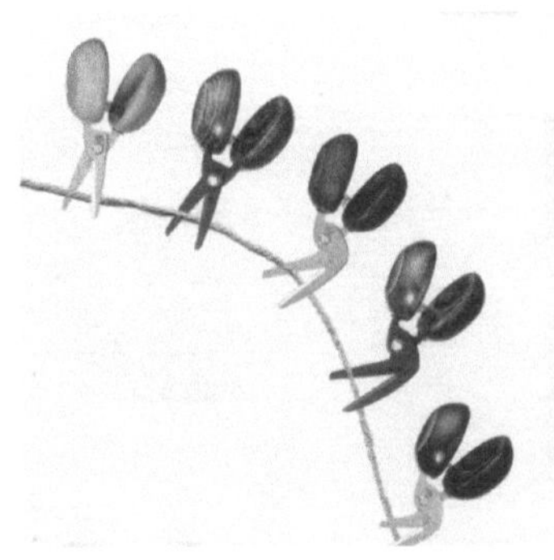

图 4-27　响板剪刀

3. 扭曲的橱柜（见图 4-28）

由设计师托马斯·海尔维克（Thomas Heatherwick）设计的这个橱柜形态非常奇特，为了形成这样一种扭曲的形态，设计师采用了一种用于制造木制飞机螺旋桨的技术，先将橡木板材切割成条状，弯曲成形后再重新粘和起来，形成这样一种形态。

4. 如坐针毡舒适椅（见图 4-29）

由设计师汉斯·桑德格林·贾克伯森设计。椅子由 37 根白蜡树木棒和一个车削加工的圆盘组成，木棒固定在圆盘上，椅面出乎意料的均匀且圆滑。这款椅子拓展了一种新的方式，人们可以坐在独特的木棒椅上，坐在绽放如花蕊的椅面上，真是别有一番惊奇！

图 4-28　扭曲的橱柜

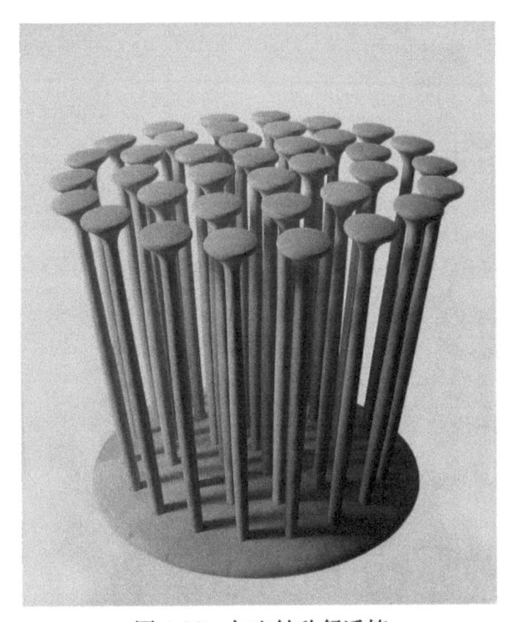

图 4-29　如坐针毡舒适椅

5. 木质 U 盘（见图 4-30）

高科技产品在不断发展，而对于自然回归的向往也越加强烈。这款由迈克尔．梁设计的 USB 闪存采用了不同的木质外壳，还搭配了一根耐用的皮质系绳。产品整体散发着一种乡村风味，能让使用者有一种亲近自然的感觉。

图 4-30　木质 U 盘

6. schizzo 椅子（见图 4-31）

设计师罗·阿拉德采用压缩胶合板弯曲制作。当木材被切成薄板，并被粘合在预先准备好的形状上时，就会变得有弹性，甚至能够弯曲。这款椅子常被称为“二合一”椅，它通过两张独立且相同的椅子加以利用槽缝，拼接构成统一的实体，两个实体既可拼装使用又可独立使用。

7. 单体椅子（见图 4-32）

由设计师大卫·兰德斯设计的。单体椅子是用几百块尺寸不一的樱桃木做成的。在椅子的边缘，木头构成了环状，而到最后形状完成时就变成垂直的了。这张单体椅子的观念受到随处可见的砖的影响，那是一种非常简单的结构制造的方法，或许作为一种工具和生产方式，这在工业产品中是最早的例子。

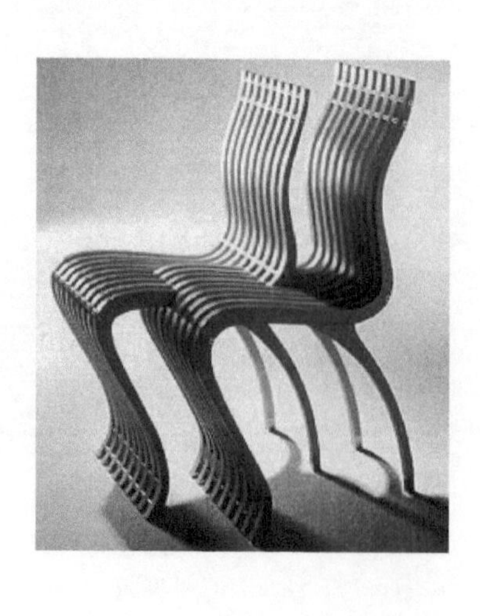

图 4-31　schizzo 椅子

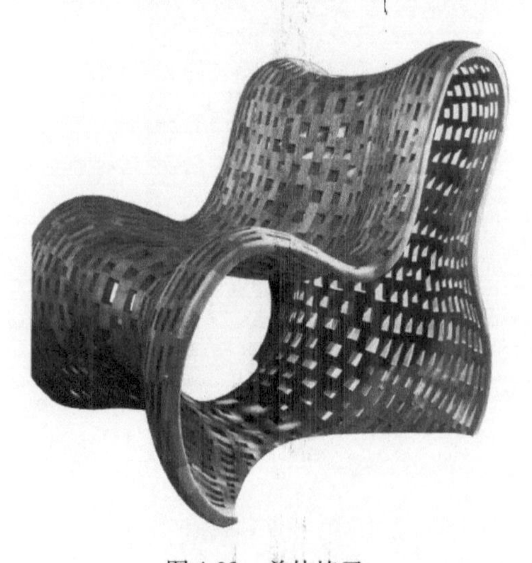

图 4-32　单体椅子

8. 糖果盒（见图4-33）

图4-33 糖果盒

由林彦志设计师的糖果盒采用胡桃木与槭木制作而成。整个造型由可移动9个方盒组成，可任意组合，造型简洁大方，实用性高。胡桃木与槭木两种材质的搭配使颜色变化多样，增添趣味性，并使天然原木材质更显高贵。

9. 扶手椅（见图4-34）

芬兰著名设计师阿尔瓦·阿尔图（Alvar Aalto）以用工业化生产方法来制造低成本但设计精良的家具而著称。特别有创见的是他利用薄而坚硬但又能热弯成形的胶合板来生产轻巧、舒适、紧凑的现代家具。他于1928年设计的扶手椅是采用胶合板和弯木热压弯曲而成，其造型轻巧而舒适，既有包豪斯钢管椅的结构特征，又有20世纪30年代流线型的美学特征，充分利用了材料的特点，具有几何形体的明确性和简洁性的造型特点。

10. 红蓝椅（见图4-35）

由荷兰设计师里特维德（Gerrit T. Rirtveld）设计。1917年，荷兰著名的建筑与工业设计大师，“风格派”代表人物Gerrit T. Rietveld设计了一把史无前例的椅子。它是由标准的几何形木质元素构成的，即由扁平的矩形嵌板和带方形元素的木条构成。用这种方法装配起来，使得在强调椅子的简单结构的同时，部件与部件之间能够交叠在一起。红蓝椅由有机制木条和胶合板构成，13根木条互相垂直，形成椅子的空间结构，各结构间用螺钉紧固而不用传统的榫接方式，以防结构受到破坏。椅的靠背为红色。坐垫为蓝色，木条全漆成黑色，木条的端面漆成黄色。黄色意味着断面，是连续延伸的构件中的一个片断，以引起人的联想，即把各木条看成一个整体。这把椅子以最简洁的造型语言和色彩，表达了现代主义的造型理念，被称为“经典的现代主义”。

图4-34 扶手椅

图4-35 红蓝椅

思考题

4-1　木材作为一种优良的造型材料，具有什么优缺点？

4-2　木材的据切方式与木材的纹理特征有何关联？

4-3　木材表面进行透明涂饰，有何作用？

4-4　设计中常用的木材种类有哪些？

第五章
无机非金属材料

学习目的：了解无机非金属材料的基本概念，掌握玻璃、陶瓷的性能特点和成形工艺方法。熟悉石材的特征属性，把握石膏、油泥等材料的运用特征。

在金属材料、有机高分子材料和无机非金属材料三大类材料中，无机非金属材料因其具有金属材料和高分子材料所无可比拟的优异性能，在现代技术中占有越来越重要的地位。无机非金属材料是20世纪40年代以后，随着现代科学技术的发展从传统的硅酸盐材料演变而来的，无机非金属材料是以某些元素的氧化物、碳化物、氮化物、卤化物、硼化物以及硅酸盐、铝酸盐、磷酸盐、硼酸盐等物质组成的材料，主要包括玻璃、陶瓷、石材等。

第一节　玻璃材料

在科学技术高度发展、各种自然材料和人工材料日益丰富的今天，玻璃这一“古老而又新兴、奇特而又美丽”的材料，正前所未有地发挥出它的特性。玻璃具有一系列的优良特性，如坚硬、透明、气密性、不透性、装饰性、化学耐蚀性、耐热性及电学、光学等性能，而且能用吹、拉、压、铸、槽沉等多种成形和加工方法制成各种形状和大小的制品（见图5-1）。玻璃作为现代设计中一大媒介材料，已经成为人们现代生活、生产和科学实验活动中不可缺少的重要材料。此外，从环境保护的角度看，玻璃作为“绿色”材料，将是21世纪普遍看好的材料。

图5-1　玻璃制品

一、玻璃的基本特性

玻璃是以石英砂、长石、石灰石等为主要原料，加入某些金属氧化物、化合物等辅助原料，经高温加热熔融、冷却凝固所得的非晶态无机材料。

由于玻璃的非晶态结构，其物理性质和力学性质等是各向同性的。其主要性能表现如下：

1. 强度

玻璃的强度与其成分、结构和工艺有关。其强度一般用抗压、抗拉强度等来表示。玻璃的抗压强度较高，而弹性形变较小。玻璃的抗压强度约为抗拉强度的 14～15 倍。

2. 硬度

玻璃是典型的脆性材料，玻璃的硬度较大，硬度仅次于金刚石、碳化硅等材料，它比一般金属硬，不能用普通刀和锯进行切割。玻璃的硬度值通常在莫氏硬度 5～7 之间。

3. 光学性能

玻璃是一种高度透明的物质，具有透射、反射和吸收光能的性质，通常光线透过愈多，玻璃质量越好。由于玻璃品种较多，各种玻璃的光学性能也有很大的差别，如有的铅玻璃具有防辐射的特性。一般通过改变玻璃的成分及工艺条件，可使玻璃的性能有很大的变化。图 5-2 为利用玻璃光性能制作的玻璃饰品。

图 5-2　玻璃饰品

4. 电学性能

常温下玻璃具有较高的电阻率，可做绝缘材料，在潮湿空气或温度升高时，玻璃的导电性迅速提高。

5. 热性能

玻璃的导热性较低，一般经受不了温度的急剧变化。普通玻璃经强化后能提高热稳定性。

6. 化学稳定性

玻璃的化学性质较稳定。大多数工业用玻璃都能抵抗除氢氟酸以外酸的侵蚀。玻璃耐碱腐蚀性较差。玻璃长期在大气和雨水的侵蚀下，表面光泽会失去，变得晦暗。尤其是一些光学玻璃仪器易受周围介质（如潮湿空气）等作用，表面形成白色斑点或雾膜，破坏玻璃的透光性，所以在使用和保存中应加以注意。

二、玻璃的成型工艺

玻璃的成型工艺因制品的种类而异，但其工艺过程基本上可分为配料、熔化和成型三个阶段。

1. 玻璃配合料

用于制备玻璃配合料的各种物料统称为玻璃原料。根据用量和作用的不同，玻璃原料分为主要原料和辅助原料两类。

主要原料是指为向玻璃中引入各种主要成分而配入的原料，它们决定了玻璃制品的物理化学性质。主要原料有：引入 SiO_2 的硅砂、砂岩、石英砂等；引入 B_2O_3 的硼酸、硼砂和其他含鹏矿物；引入 Al_2O_3 的长石、高岭土；引入 Na_2O 的纯碱和芒硝等；引入 CaO 的石灰石、方解石、工业碳酸钙等；引入 BaO 的碳酸钡、硫酸钡。

辅助原料是为了赋予玻璃制品具有某些特殊性能和加速熔制过程所加的原料。主要辅助原料有：澄清剂、着色剂、脱色剂、乳浊剂、助熔剂。

2. 玻璃的熔制

玻璃的熔制是指将配合料经过高温熔融，形成均匀无气泡并符合成形要求的玻璃液的过程，它是玻璃生产中很重要的环节，是获得优质玻璃制品的重要保证。

玻璃的熔制是一个非常复杂的工艺过程，它包括一系列物理的、化学的、物理化学的现象和反应，其结果是使各种原料混合物变成复杂的熔融物，即玻璃液。各种配合料在加热至高温并形成玻璃的过程中所发生的变化，从工艺角度而论，大致可以分为硅酸盐的形成、玻璃的形成、澄清、均化和冷却五个阶段，表 5-1 为常用的钠-钙-硅玻璃的熔制过程。

表 5-1　钠-钙-硅玻璃的熔制过程

阶　段	反　应	生 成 物	熔制温度
1. 硅酸盐的形成	单组分的晶形转化反应、硅酸盐的形成反应和多组分的加热反应	配合料变成硅酸盐和 SiO_2 组成的烧结物	800～900℃
2. 玻璃的形成	烧结物熔化，同时硅酸盐与 SiO_2 互相溶解	带有大量气泡和不均匀条缕的透明玻璃液	1200℃
3. 澄清	玻璃液粘度降低，开始放出气态混杂物（加澄清剂）	去除可见气泡的玻璃液	1400～1500℃
4. 均化	玻璃液长期保持高温，其化学成分趋向均一，扩散均化	消除条缕的均匀玻璃液	低于澄清温度
5. 冷却		玻璃液达到可成型的粘度	通常降到 1000℃以下

3. 玻璃的成型

玻璃的成型是将熔融的玻璃液加工成具有一定形状和尺寸的玻璃制品的工艺过程。玻璃的成型方法可以分为两类：热塑成型和冷成型。通常把冷成型归属到玻璃的冷加工中，玻璃的成型通常指热塑成型。常见的玻璃成型方法有：压制成型、吹制成型、压延成型、拉制成型和浮法成型等。

（1）压制成型　压制成型是在模具中加入玻璃熔料加压成型，多用于玻璃盘碟（见图 5-3）、玻璃砖的制作。压制成型具有以下一些特点：工艺简单，尺寸准确，制品外表可带有花纹，但压制品表面有模缝、不光滑等。图 5-4 为玻璃压制成型示意图。

图 5-3　采用压制成形的玻璃制品

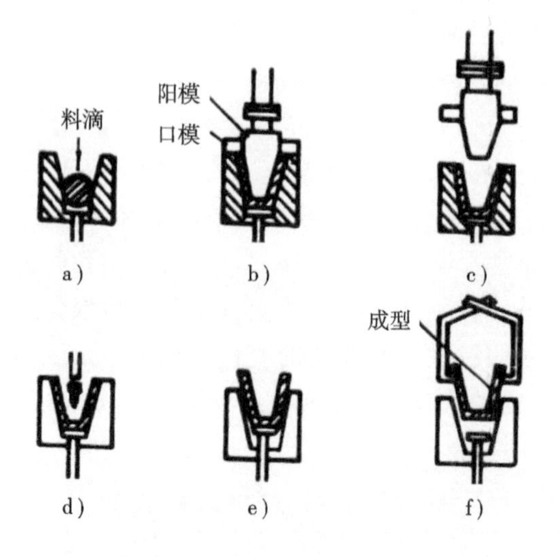

图 5-4　压制成型示意图

a）料滴进模　b）施压　c）开模　d）冷却　e）顶出　f）脱模取出

（2）吹制成型　吹制成型是玻璃器皿的最常见的成型方法，是先将玻璃粘料压制成雏形型块，再将压缩气体吹入处于热熔态的玻璃型块中，使之吹胀成为中空制品（见图 5-5、图 5-6）。吹制成型主要用以制造空心产品，如水杯、器皿、瓶、罐、灯泡等。

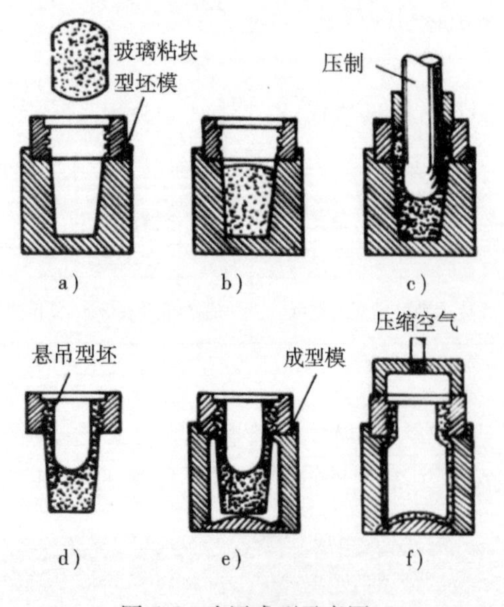

图 5-5　吹压成型示意图

图 5-6　吹压成型的玻璃瓶

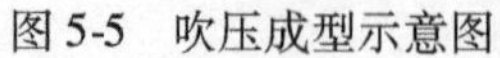

吹制成型可分为有模吹制和无模吹制、有机械吹制和人工吹制两种方法。

人工吹制是一种古老的成型方法，手工吹制借助铁质吹管，一端蘸取玻璃液（挑料），另一端为吹嘴，挑料后在滚料板上滚匀、吹气，形成玻璃料泡，并逐渐吹制成制品（见图 5-7）。人工吹制过程更像是一种艺术的创作过程，使得玻璃形态的创作空间充满了想象力（见图 5-8）。

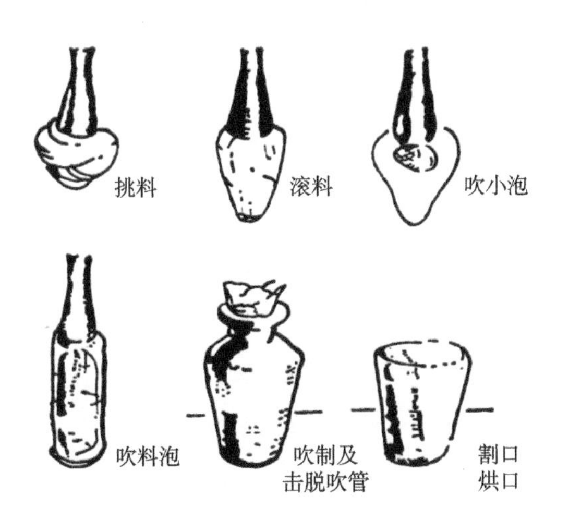

图 5-7　人工吹杯示意图

图 5-8　人工吹制的制品

(3) 压延成型　压延成型是用金属辊将玻璃熔体压成板状制品（见图 5-9），主要用来生产压花玻璃（见图 5-10）、夹丝玻璃等，该成型分为平面压延与辊间压延成型。

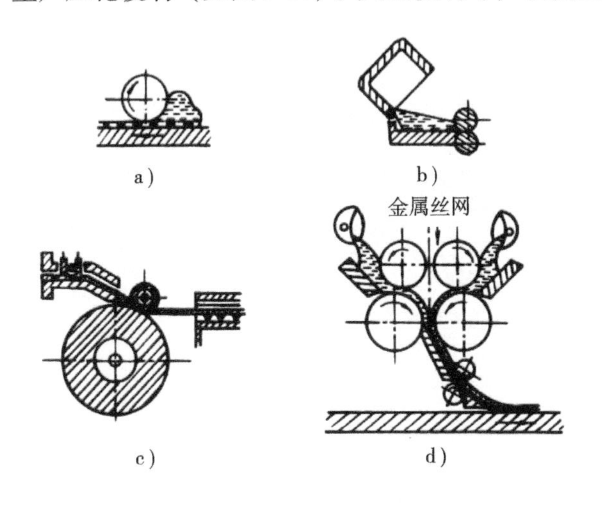

图 5-9　压延法成型原理示意图

a）平面压延　b）辊间压延

c）连续压延　d）加丝压延

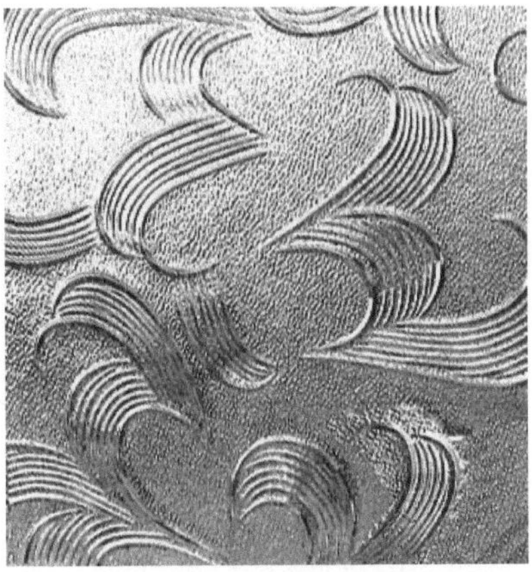

图 5-10　压花玻璃

(4) 拉制成型　拉制成型是利用机械拉引力将玻璃熔体制成制品，分为垂直拉制（见图 5-11）和水平拉制（见图 5-12），主要用来生产玻璃板、玻璃管（见图 5-13）、玻璃纤维等。

(5) 浮法成型　采用浮法制造技术生产的平板玻璃称为浮法玻璃。浮法玻璃的成型是在锡槽中进行的。其生产过程是：从池窑中流出的熔融玻璃沿流槽流入盛有熔融锡液的锡槽中，在洁净的锡液表面上自由摊平，达到一定厚度时，沿水平方向拉引，离开锡槽进入退火炉退火即得浮法玻璃（见图 5-14）。浮法玻璃厚度均匀，表面平整光洁，无玻肋和玻纹，表面质量与磨光玻璃相同，是一种高质量的平板玻璃。

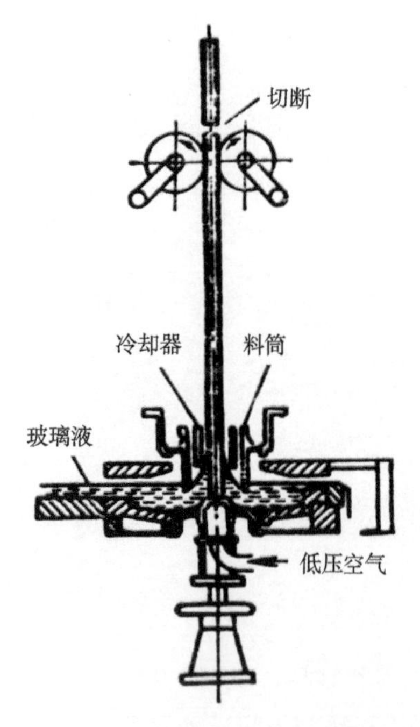

图 5-11　垂直引上拉管示意图

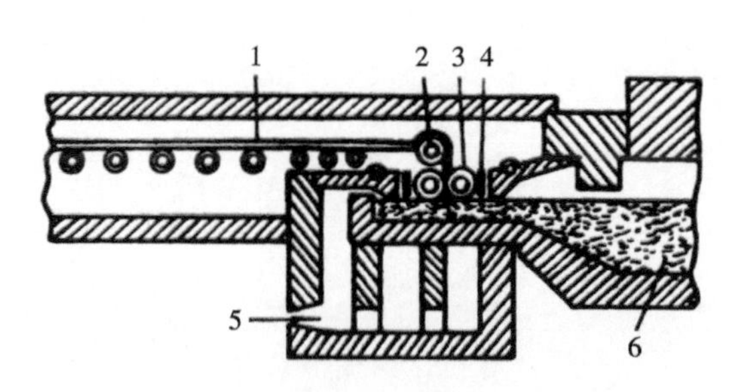

图 5-12　薄玻璃板水平拉制示意图

1—玻璃板　2—转动辊　3—成型辊

4—水冷挡板　5—燃烧器　6—熔融玻璃

图 5-13　拉制成型的玻璃管

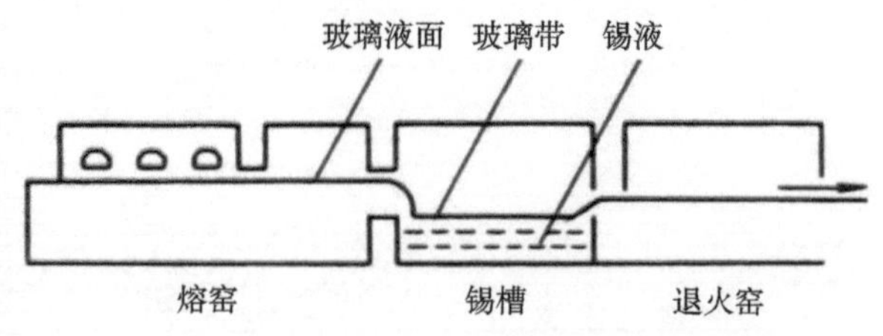

图 5-14　浮法玻璃生产工艺过程示意图

4. 玻璃制品的热处理

玻璃制品在生产中，由于要经受激烈和不均匀的温度变化，导致制品内部产生热应力，降低制品的强度和热稳定性，很可能在成型后的冷却、存放和机械加工过程中自行破裂。因此，玻璃制品成型后，一般都要经过热处理。

玻璃制品的热处理，一般包括退火和淬火两种工艺。

（1）玻璃的退火　退火就是消除或减小玻璃制品中的热应力的热处理过程。对光学玻璃和某些特种玻璃制品，通过退火可使内部结构均匀，以达到要求的光学性能。玻璃制品的退火工艺过程包括加热、保温、慢冷及快冷四个阶段。

（2）玻璃的淬火　淬火就是将玻璃制品加热到转变温度以上，然后在冷却介质（淬火介质）中急速均匀冷却，在这个过程中玻璃的内层和表面层将产生很大的温度梯度，使玻璃表面形成一个有规律、均匀分布的压力层，以提高玻璃制品的机械强度和热稳定性。

5. 玻璃制品的二次加工

成型后的玻璃制品，除极少数能直接符合要求外（如瓶罐等），大多数还须作进一步加工，以得到符合要求的制品。经过二次加工可以改善玻璃制品的表面性质、外观质量和外观效果。玻璃制品的二次加工可分为冷加工、热加工和表面处理三大类。

（1）玻璃制品的冷加工　玻璃冷加工是指在常温下通过机械方法来改变玻璃制品的外形和表面状态所进行的工艺过程。冷加工的基本方法包括研磨、抛光、切割（见图5-15）、喷砂（见图5-16）、钻孔和车刻（见图5-17）等。

图5-15　玻璃的切割

图5-16　玻璃的喷砂处理

（2）玻璃制品的热加工　有很多形状复杂和要求特殊的玻璃制品，需要通过热加工进行最后成型。此外，热加工还用来改善制品的性能和外观质量。热加工的方法主要有火焰切割、火抛光、钻孔、锋利边缘的烧口等。

（3）玻璃制品的表面装饰　利用彩色釉料对玻璃制品进行装饰的过程，又称之为玻璃彩饰（见图5-18）。常见的彩饰方法有描绘、喷花、贴花和印花等。彩饰方法可单独采用，也可组合采用。

图5-17　玻璃的车刻

图5-18　玻璃彩饰

描绘是按图案设计要求用笔将釉料涂绘在制品表面。

喷花是将图案花样制成镂空型版紧贴在制品表面，用喷枪将釉料喷到制品上。

贴花是先用彩色釉料将图案印刷在特殊纸上或薄膜上制成花纸，然后将花纸贴到制品表面。

印花是采用丝网印刷方式用釉料将花纹图案印在制品表面。

所有玻璃制品彩饰后都需要进行彩烧，才能使釉料牢固的熔附在玻璃表面，并使色釉平滑、光亮、鲜艳，且经久耐用。

三、设计中常用的玻璃

设计中所用的玻璃种类众多，通常可以按以下分类：

1. 按玻璃的特性及用途分

按玻璃的特性及用途可将玻璃分为平板玻璃、容器玻璃、建筑用玻璃及照明器具玻璃、玻璃纤维等。

（1）平板玻璃　平板玻璃是板状玻璃的统称。平板玻璃的主要化学成分有 SiO_2、Al_2O_3、CaO、MgO、Na_2O 等，主要采用浮法、垂直引上法、平拉法和压延法生产（见图 5-19）。平板玻璃具有透光、透视、隔热、隔声、耐磨、耐候等特性，并且通过着色、表面处理、强化、复合等方法制成各种玻璃产品，通常包括磨砂玻璃、磨光玻璃、夹层玻璃、钢化玻璃、中空玻璃、夹丝玻璃、彩色玻璃、花纹玻璃、镀膜玻璃等。

图 5-19　生产中的平板玻璃

（2）日用容器玻璃　日用容器玻璃是指满足日常生活需要的瓶罐、器皿玻璃制品（见图 5-20），具有较好的化学稳定性、抗热震性和一定的机械强度，美观，透明，表面光洁度高，通常采用吹制法、压制法进行成型。

图 5-20　日用玻璃容器

（3）建筑玻璃　建筑玻璃是建筑中所用玻璃的统称，具有采光和防护功能，良好的隔音、隔热和艺术装饰效果；可做建筑物的门、窗、屋面、墙体及室内外装饰用（见图5-21）。

图5-21　建筑玻璃

（4）玻璃纤维　玻璃纤维是将熔融的玻璃液经孔状楼板拉制成丝状制品。玻璃纤维耐热性密度比合成纤维密度大，耐热性好，具有很大的抗张强度和抗冲击强度，具有吸声、隔音性、脆性大等特点。玻璃纤维可经纺织加工、表面处理制成各种玻璃纤维制品，如玻璃纤维布（见图5-22）、玻璃纤维纱等主要用作增强材料、隔热吸声材料、绝缘材料等。

2. 按玻璃化学成分分

（1）钠钙玻璃　它约占生产的所有玻璃材料的90%。它的生产成本低，它对高温、剧烈温差变化和化学介质的抵抗能力较弱，广泛用于制造平板玻璃、瓶罐玻璃、灯泡玻璃等。

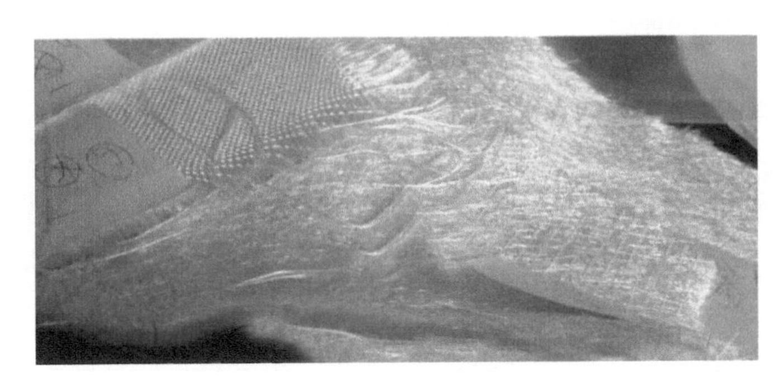

图5-22　玻璃纤维

（2）铅玻璃　发明于1676年，它含有铅的氧化物。铅玻璃因其优良的光学性能而被称作水晶玻璃。可以用来制造水晶玻璃、艺术器皿玻璃和刻花玻璃器皿，也常被用来制作光学棱镜和光学透镜。铅玻璃的电绝缘性比钙钠玻璃和硼玻璃都要好，可以作为防辐射材料、制造光学玻璃、电真空玻璃等。铅玻璃不耐高温，在受热时不耐冲击。

（3）石英玻璃　石英玻璃于1952年研制成功，是造价最高的玻璃材料。石英玻璃的成分为二氧化硅，其抗热冲击能力是所有玻璃材料中最强的，并且能长时间耐受900℃的高温，用于制造半导体、电光源等精密光学仪器及分析仪器等。

（4）硼硅酸玻璃　发明于1912年，是第一种耐高温，有较好抗热冲击能力的玻璃材料。硼硅酸玻璃可以用来制作咖啡壶、炉子、实验室用的玻璃器皿、车灯及其他在高温环境中工作的设备。它抗酸和抗化学介质腐蚀的能力很强，热膨胀率很低，因此被用来制作天文望远镜的镜片和其他精密仪器。硼玻璃还可以用作树脂的强化纤维。

（5）铝硅酸玻璃　它发明于1936年，它的造价高昂，加工难度很大。它主要用于制造高性能设备，如高温测量仪、太空飞行器的舷窗以及集成电路中的电阻。

（6）特殊成分玻璃　如渗钕的激光玻璃，硫系、氧硫系等半导体玻璃，微晶玻璃，以及金属玻璃等。

四、玻璃在设计中的应用

玻璃，有一种神秘和优雅，它令喜好幻想的人们痴迷。玻璃的唯美形象使它因此而可以进行任何比喻，并可以具有所有功能。玻璃的品质似乎总是可以唤起人们的梦想与遐思。

玻璃以其天然的、极富魅力的透明性和变幻无穷的色彩感和流动感（见图5-23），充分展现了玻璃的材质美。玻璃材质美的特征在于透明性，这是玻璃“最可贵的品格”。日本工艺玻璃艺术家野口真里曾把玻璃艺术的创作比喻为“犹如在水中和空气中工作”，这道出了玻璃的材质特点：似有似无，实而又虚。面对一件纯净无暇的玻璃艺术品，观者时时产生种种遐想，甚至有一种超凡入圣的感觉。

图5-23　晶莹剔透、色彩变幻的玻璃材质

玻璃材质美的另一特性是反射性，坚硬而光滑的表面使玻璃具有强烈的反射光的能力。玻璃是光的载体，光是玻璃的韵律。光的透射、折射、反射将玻璃的材质美淋漓尽致地表现出来。无论是透明的，还是半透明的，玻璃似乎都给显现的光与影增添了一种其他任何材料都无法效仿的叙事情调。所以，让我们在决定使用玻璃之前对自己说：“一切，都能够通过玻璃来实现。”

[**设计实例**]

1. Alvar Aalto曲线花瓶（见图5-24）

芬兰设计师Alvar Aalto是20世纪最伟大的建筑大师和设计大师。他的设计风格充满理性又不呆板，简洁实用的设计既满足了现代化大生产的要求又延续了传统手工艺精致典雅的特点，Aalto的设计充满了人文主义精神。Alvar Aalto曲线花瓶是Aalto最著名的设计，是1937年他为Savoy餐厅做建筑设计时配套设计的“Savoy”花瓶。据说这个花瓶的设计灵感来自于芬兰蜿蜒曲折的海岸线。这个花瓶的线条就被认为是“每一根都在与人接触”，被称为“Alvar Aalto曲线”。直到今天，这款花瓶仍然由芬

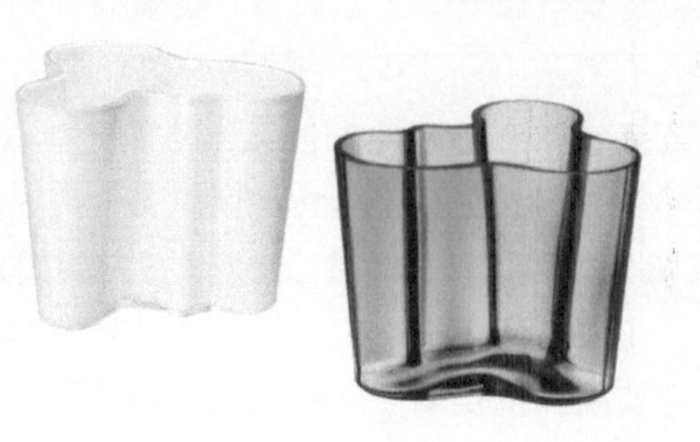
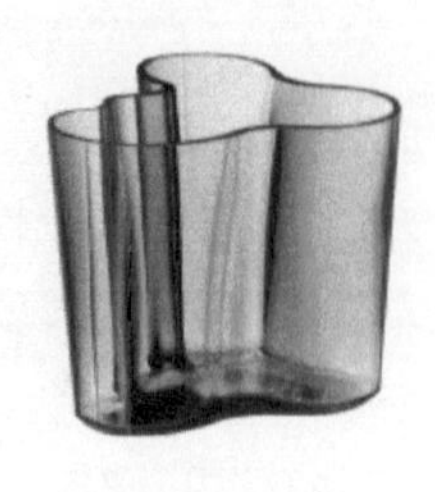

图5-24　Alvar Aalto曲线花瓶

兰著名的 Littala 玻璃器皿公司生产。Savoy 花瓶的这种有机的造型和 Aalto 所设计的其他大部分产品一样，被看作是对传统几何形式主义的颠覆，Alvar Aalto 曲线花瓶具有的概念和形式，永远不会令人感到厌烦。瓶体流动曲折的轮廓在精确的水平线衬托下显得格外分明，边缘用玻璃刀锯割后抛光，打磨抛光的玻璃边缘以波动变化诉说着瓶体形状之下包含的故事。花瓶底部的造形使花瓶能稳固立于 3 个支点之上。

2. 冰块灯（见图 5-25）

由设计师哈里・科斯基宁（Harri Koskinen）设计的冰块灯，采用玻璃材质，人工浇铸制作而成，成型后经过长时间的冷却过程，因此在面对温度急速变化时，不会产生龟裂的现象。中间的雾面灯泡空间由喷砂处理而成。冰块灯造型简洁，质感十足，可以放置在桌上做为装饰灯源。

图 5-25　冰块灯

3. "Sassi" 的吊灯（见图 5-26）

Damdesign 公司的卡尔・霍泰（Kal Chottai）推出了一款新的名叫 "Sassi" 的吊灯。这盏吊灯的设计灵感来自鹅卵石。悬挂在钢丝上的嵌套的系列中空玻璃造型，体现了玻璃吹制后的自然美。

4. 玻璃水具（见图 5-27）

荷兰设计师托德・布恩吉（Tord Boonji）设计的玻璃水具，根据设计目的对玻璃废酒瓶进行新的利用，用薄壁的瓶子做水杯，用厚壁的瓶子做水瓶。设计中将废长颈瓶进行清洗并去除标签，用金刚石刃的台锯切去瓶颈，切割后用砂轮对粗糙的瓶口进行倒角、抛光等修整，然后再将壶身加工成磨砂面。

图 5-26　"Sassi" 的吊灯

图 5-27　玻璃水具

5. 玻璃椅子（见图5-28）

丹尼·拉恩（Danny Lane）设计的玻璃椅子，椅面和椅背采用边缘参差不齐但经抛光处理的厚板状玻璃，使其与工业化标准产品形成强烈对比，启示着人们对材料的大胆利用和积极探索。设计者突破材料运用的陈规，大胆使用新材料和新工艺，同时对传统的材料赋予新的运用形式，创造出新的艺术效果。

6. “无题”杯子（见图5-29）

由捷克设计师设计的“无题”杯子，由水晶玻璃和岩石组成，杯子造型的独特之处是根据使用需求可上下翻转使用，上下两部分杯体由岩石连接而成，整个造型突出体现了玻璃极富魅力的透明性和晶莹剔透的光泽感以及岩石粗犷天然的自然特征，充分展现了玻璃和岩石的材质美感。

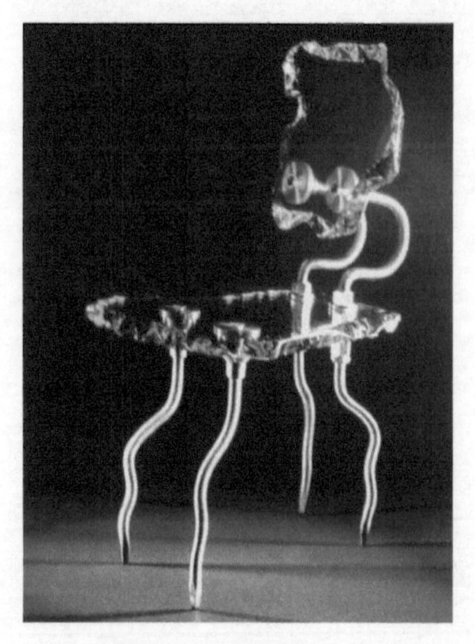

图5-28 玻璃椅子

图5-29 “无题”杯子

7. “幽灵”扶手椅（见图5-30）

意大利设计师西尼·伯埃瑞·马瑞埃尼（Cini Boeri Mariani）和日本设计师Tomu Kataganagi设计的“幽灵”扶手椅，由整块12mm厚的玻璃切割弯曲成型。弯曲前先将玻璃进行切割加工，开口处向上弯曲成椅背、向下弯曲成椅座。高技术和新工艺使一整片厚玻璃成功地完成了流线型的形态，形象的示范了玻璃“热弯成型”工艺和高度精确的电脑程控“水切割”技术的使用性。这个完全透明的设计给人以独特的视觉效果，改变了玻璃材料易碎的名声，开发了一系列灵巧、弯曲的玻璃家具。

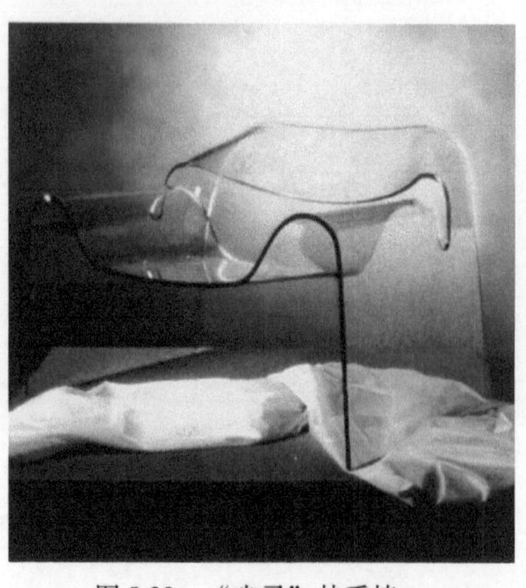

图5-30 “幽灵”扶手椅

8. Tala 桌（见图 5-31）

由法国设计师塞里夫设计，Tala 桌采用易碎却时尚的玻璃材料制作，桌体结构采用经表面处理而得的毛玻璃制作，桌面采用边缘经抛光处理的透明玻璃，采用粘合技术和绳具进行组合。透明的桌面与不透明的毛玻璃桌体形成虚实，产生独特的光影效果，成为人们视觉的焦点。

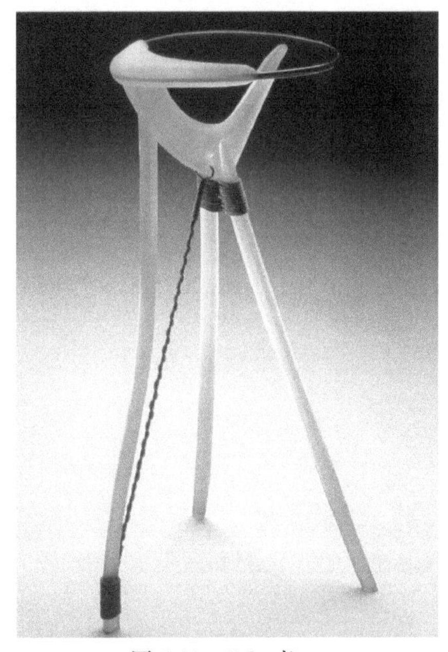

图 5-31 Tala 桌

9. 彩绘玻璃窗（见图 5-32）

中世纪，哥特式建筑的教堂使用了彩色玻璃镶嵌的花窗，它是以铁棂分格、铅条盘图、各色玻璃镶嵌而成，利用光线和色彩表现来传达出与上帝相通的世界和幻影。当阳光透过时，映射着神秘的光彩和缤纷多彩、令人叹为观止的装饰特色，造成一种向上升华、天国神圣的幻觉。

10. 玻璃墙（见图 5-33）

由杰姆斯·卡朋特（James Carpenter）设计，该玻璃墙采用层压的玻璃棱镜垂直结构系统，具有折射和隔音作用。它能阻止光线直接射进大厅，如同透过玻璃棱镜折射进来的光线的投影屏，展现了变化的阳光效果，具有独特的室内景致。层压的玻璃由透明的外层玻璃和蚀刻漫射的里层玻璃组成，在透明的外层玻璃里侧进行相互固定。

图 5-32 彩绘玻璃窗

图 5-33 玻璃墙

第二节 陶瓷材料

陶瓷材料是人类生活和生产中不可缺少的一种重要材料，在材料大家族中陶瓷是人类最早利用的非天然材料，从发明至今已有数千年的历史。陶瓷这一古老的人造材料，以其优异的物理化学性能、自始至终伴随着人类社会的繁衍、生产力水平的进步和产品设计理念的日益发展而提升，成为现代工程材料的重要支柱之一。

一、陶瓷的基本知识

1. 陶瓷的概念

陶瓷是人们熟悉的一种材料，在产品造型中也作为重要的造型材料被广泛使用（见图5-34）。常把金属、工程塑料和工业陶瓷作为工业产品造型的三大材料。

图5-34 陶瓷制品

陶瓷是由粘土、长石、石英等为主要原料，经成型、干燥、高温烧制而成的制品的总称。传统概念的陶瓷是指以粘土为主和其他天然矿物原料经过拣选、粉碎、混炼、成型、煅烧等工序而成的制品。如今，随着科技水平的发展提高，出现了多种新型陶瓷品种。甚至有些陶瓷主要材料已经不是传统的黏土硅酸盐材料，而采用了碳化物、氮化物、硼化物等，这样陶瓷的概念就已经被大大扩展。

2. 陶瓷的基本特性

陶瓷材料的元素之间的结合键主要为离子键、共价键或离子-共价键。这些化学键的特点赋予这一大类材料高化学稳定性、耐高温、耐腐蚀、高强度等基本属性。

（1）陶瓷力学性能

1）刚度大、硬度高。陶瓷的刚度是各类材料中最高的，比金属高若干倍。陶瓷也是各类材料中硬度最高的，这也是它的最大特点之一。

2）强度高。陶瓷强度理论值很高，但实际强度却比理论值低，陶瓷的抗拉强度很低，抗弯强度较高，而抗压强度非常高，一般比抗拉强度高10倍。陶瓷高温强度一般比金属高，有很高的抗氧化性，适宜作高温材料。

3）性脆。陶瓷属脆性材料，塑性很差，在室温下几乎没有塑性。陶瓷断裂前无塑性变形，冲击韧性极低，而且其抗拉强度比抗压强度低得多。不过，在高温慢速加载的条件下，陶瓷也能表现出一定的塑性。

脆性是陶瓷的最大缺点，是阻碍其作为产品造型材料广泛应用的主要问题，是当前被

研究的重要课题。

（2）陶瓷的热性能

1）熔点高，高温强度好，抗蠕变能力强，热硬度可达1000℃，是很有前途的高温材料。用陶瓷材料制造的发动机体积小，热效率高。许多陶瓷材料高温下不氧化，抗熔融金属的侵蚀性高，可用来制作坩埚等。

2）陶瓷膨胀率和热导率小，承受温度快速变化的能力差，在温度剧变时会开裂。由于陶瓷中的气孔对传热不利，陶瓷多为较好的绝热材料。陶瓷的热稳定性很低，比金属低得多，这是陶瓷的另一个主要缺点。另外，具有很好的耐火性能或不可燃烧性，是很好的耐火材料。

（3）陶瓷的化学性能　陶瓷的化学性能是指陶瓷材料耐酸碱侵蚀和环境中大气腐蚀的能力，即陶瓷材料的化学稳定性。陶瓷材料的化学稳定性很高，有良好的抗氧化能力，能抵抗强腐蚀介质、高温的共同作用。陶瓷对酸、碱、盐等腐蚀性很强的介质均有较强的抗蚀能力，与许多金属的熔体也不发生作用，所以也是很好的坩埚材料。有的陶瓷在人体内无特殊反应，可作人造器官（称为生物陶瓷）。

（4）陶瓷的导电性　陶瓷的导电性变化范围很广。大部分陶瓷可作绝缘材料，有的可作半导体材料，还可以作压电材料、热电材料和磁性材料等。随着科学技术的发展，已经出现了具有各种电性能的陶瓷，如压电陶瓷、磁性陶瓷、透明铁电陶瓷等，它们作为功能材料为陶瓷的应用开拓了广阔的天地。

（5）陶瓷的光学性能

1）陶瓷材料对白色光的反射能力称为陶瓷的白度。普通日用瓷的白度一般要求在60%～70%，高白瓷的白度要求大于80%。对于不同陶瓷根据要求应具备不同的白度，有些陶瓷则不作要求。

2）陶瓷允许可见光透过的程度称为陶瓷的透光度。透光度与陶瓷材料的组成、结构、气孔率、厚度等因素有关。

3）陶瓷表面对可见光的反射能力称为陶瓷的光泽度。一些陶瓷表面常施釉进行装饰，其釉面平整光滑、无针孔等缺陷时，光泽度就高。

（6）气孔率和吸水率　气孔率是指陶瓷制品中全部孔隙的体积与该制品总体积之比，用百分数表示。气孔率的大小是衡量陶瓷质量和工艺制度是否合理的重要指标。

吸水率反映了陶瓷制品是否烧结合烧结后的致密程度。

总之，陶瓷材料具有优良的物理化学性能和极好的耐高温、耐腐蚀性能，而且其原料来源广泛，作为高温结构材料和功能材料以及其他某些特殊领域材料，具有极其重要的应用前景。

3. 陶瓷的分类

陶瓷发展至今，种类繁多，可以从不同角度进行分类。

陶瓷可分为传统陶瓷与特种陶瓷两大类。虽然它们都是经过高温烧结而成的无机非金属材料，但其在所用原料、成型方法和烧结制度及加工要求等方面却有着很大区别。两者的主要区别见表5-2。

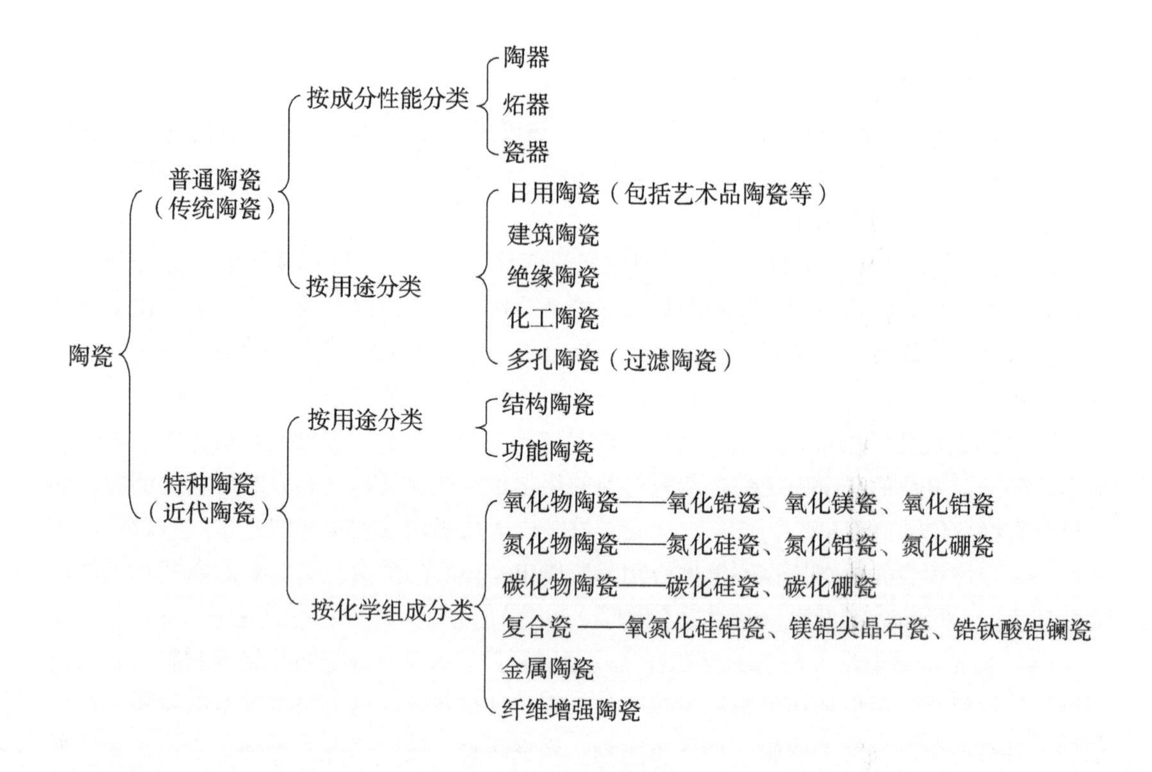

表 5-2　传统陶瓷与特种陶瓷的主要区别

区别	传 统 陶 瓷	特 种 陶 瓷
原料	天然矿物原料	人工精制合成原料（氧化物和非氧化物两大类）
成型	注浆、可塑成型为主	注浆、压制、热压注、注射、轧膜、流延等静压成型为主
烧结	温度一般在 1350 ℃以下，	结构陶瓷常需 1600℃左右高温烧结，功能陶瓷需精确控制烧结温度
加工	一般不需加工	常需切割、打孔、研磨和抛光
性能	以外观效果为主	以内在质量为主，常具有耐温、耐磨、耐腐蚀和各种敏感特性
用途	炊餐具、陈设品	主要用于宇航、能源、冶金、交通、电子、家电等行业

二、陶瓷的成型工艺

陶瓷制品的生产流程比较复杂，各品种的生产工艺不尽相同，陶瓷制品的成型工艺通常包括原料配制、坯料成型、干燥、施釉、窑炉烧结和后续加工等主要工序。

1. 原料配制

制作陶瓷制品，首先要按陶瓷的组成，将所需各种原料进行配料制成所需的坯料（见图 5-35），它是陶瓷工艺中最基本的一环。原料在一定程度上决定着产品的质量和工艺流程、工艺条件的选择。

陶瓷原料通常可分为两类：

传统陶瓷原料——为可塑性原料，主要是指黏土类天然矿物，它们在坯料中起塑化和黏结作用，赋予坯料以塑性和注浆成型性能，保证干坯强度及烧后的各种使用性能，如机械强度、热稳定性和化学稳定性等。这一类原料是使坯料成型得以进行的基础，也是黏土质陶瓷的成瓷基础。

特种陶瓷原料——通常为无可塑性原料，主要为人工精制合成原料，又分为氧化物原料和非氧化物原料。

图 5-35　陶瓷坯料

2. 坯料成型

将配制好的坯料制作成具有一定形状和规格的坯体，以体现陶瓷产品的使用与审美功能，这个赋形工序即为成型。由于陶瓷制品品种繁多，性能要求、形状规格、大小厚薄不一，产量不同，所用坯料性能各异，所使用的成型方法也是多种多样的。最基本的成型方法，可以分为三大类：可塑法、注浆法和压制法。尤其以前两类最为普遍。

（1）可塑成型　可塑法又叫塑性料团成型法。坯料中加入一定量的水分或塑化剂，使坯料成为具有良好塑性的料团。利用泥料的可塑性通过手工或机械成型，将泥料塑造成各种各样形状坯体的工艺过程，叫做可塑成型。它主要适用于生产具有回转中心的圆形产品。可塑成型的基本方法有：拉坯、旋坯、挤压、车坯、印坯成型等。

1）拉坯成型或可称为手工拉坯（见图 5-36），是古老的手工成型方法。它是在拉坯机（见图 5-37）上进行操作的。不用模型，由操作者手工控制成型，多用以制作碗、盆、瓶、罐之类的圆形器皿。拉坯时要求坯料的屈服值不太高，延伸变形量要大，即坯泥既有“挺劲”，又能自由延展。

图 5-36　拉坯成型

图 5-37　拉坯机

2）旋坯成型是将泥料投入旋坯机上旋转着的石膏模中，在利用样板刀的挤压力和刮削作用将坯泥成型于模型工作面上。它可分为阴模旋坯成型（见图 5-38a）和阳模旋坯成型（见图 5-38b）。

3）挤压成型一般是将真空炼制的泥料放入挤压机的挤压筒内，在挤压筒的一头对泥料施加压力，另一头装有挤嘴即成型模具，通过更换挤嘴能寄出各种形状的坯体，从而达到要求的形状。挤压成型法对泥料要求较高。挤压成型适用于加工各种断面形状规则的瓷棒或轴（如圆形、方形、椭圆形、六角形瓷棒）和各种管状产品（如高温炉管、热电偶套电容器瓷管等）。

4）车坯成型是用挤压出的圆柱形泥段作为坯料，在卧式或立式车床上加工成型。车坯成型常用于加工形状较为复杂的圆形制品，特别是大型的圆形制品。

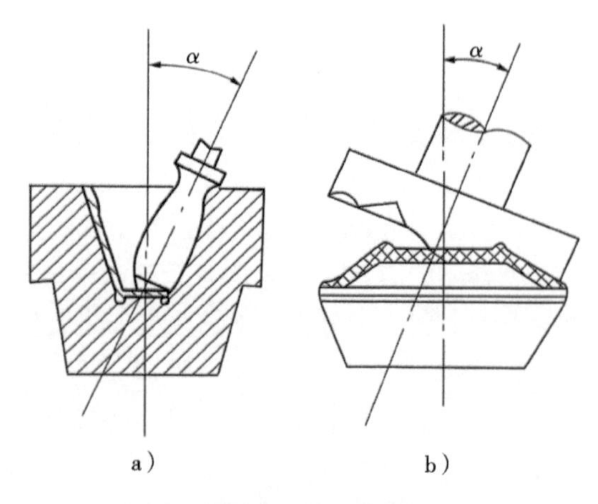

图 5-38 旋坯成型

a）阴模旋坯成型 b）阳模旋坯成型

5）雕塑是靠手工和简单的工具制作，通过刻、划、镂、雕、堆塑等各种技法进行制作（见图 5-39），产生造型姿态独特的陶瓷产品，一般用于制作人物、鸟兽、花卉、景物等艺术陈设瓷。其生产效率很低，但其手工艺性较高，有独特的艺术鉴赏价值。

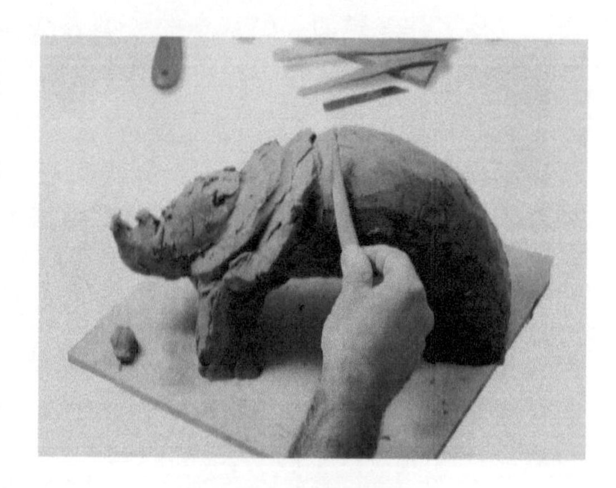

图 5-39 雕塑成形

6）印坯是以手工将可塑性软泥在模型中翻印成型或印出花纹，结合黏接法，将印成的几件局部半成品粘到一起，组成一个完整的坯体。印坯有时也作为附件和其他成型方法做出的主体配合使用。它的最大优点是可以不要设备投入，但是要解决好坯裂、变形等常见技术缺陷。

（2）注浆成型 注浆法又叫浆料成型法，这是陶瓷成型中的一种基本方法，其成型工艺简单。注浆成型适用于形状复杂、不规则、薄壁、体积大且尺寸要求不严格的陶瓷制品。

注浆法又分为空心注浆和实心注浆两种基本方法：

1）空心注浆（见图 5-40）。它是将制备好的坯料泥浆注入石膏模型内，由于石膏模型的吸水性，泥浆在模型内壁上形成一均匀的泥层，经过一定时间后，当泥层厚度达到所需尺寸时，将多余的泥浆倒出，坯料形状便在型内固定下来。留在模型内的泥层继续脱水、收缩、并与模型脱离，出模后即得空心注件。坯体外形由模型工作面决定，坯体的厚度则取决于料浆在模型中的停留时。

2）实心注浆（见图 5-41）。料浆注入模型后，料浆中的水分同时被模型的两个工作面吸收，注件在两模之间形成，没有多余料浆排出。坯体的外形与厚度由两模工作面构成的型腔决定。当坯体较厚时，靠近工作面处坯层较致密，远离工作面的中心部分较疏松，坯体结构的均匀程度会受到一定影响。

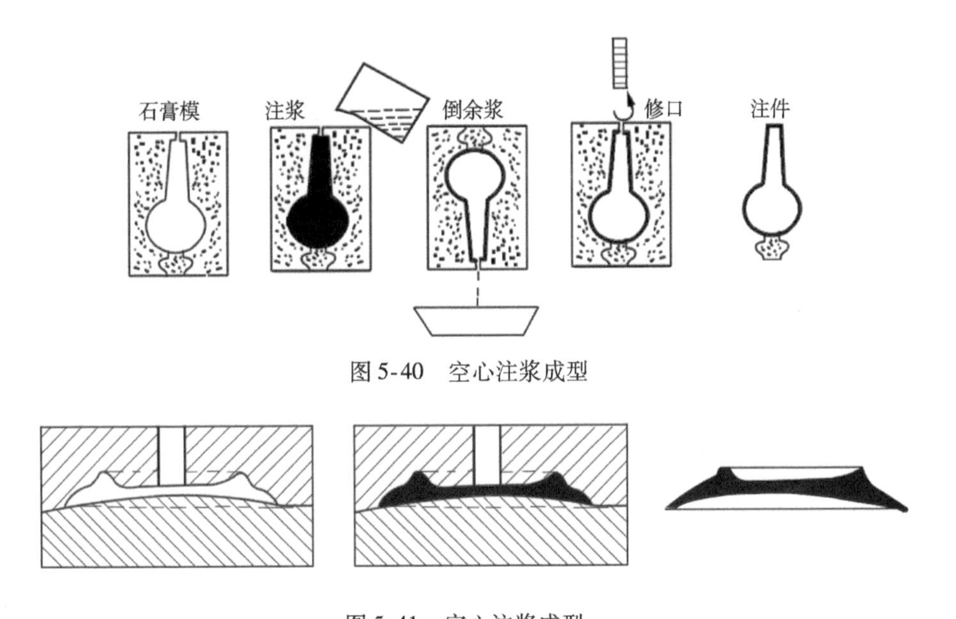

图 5-40 空心注浆成型

图 5-41 实心注浆成型

（3）压制成型 压制法又称粉料成型法、干压成型、模压成型。它是将含有一定水分和添加剂的粉料在金属模具中用较高的压力压制成型。它和粉末冶金成型方法完全一样。与注浆法、可塑法相比，压制成型由于坯料采用粉料、水分和粘结剂的量较少，只有百分之几（一般为7% ~8%），故压成后坯体的强度较大，变形小，不经干燥可以直接焙烧，烧结后收缩小，并且产品尺寸精度高，易于机械化和自动化，生产率高。但模具磨损大，产品的体积和尺寸有一定限制。

近年来发展了一种新的压制成型工艺：等静压成型。它是利用液体介质的不可压缩，并能均匀传递压力特性而得到的一种成型方法。它是将陶瓷粉料装入塑料或橡皮做成的模具内，震实、密封后放入高压容器内，然后利用液体加压成型。这种成型方法的特点是受压均匀，致密度高，烧成收缩和变形小。

3. 干燥

坯体成型后要进行干燥以适应下一工序的要求。由于水分的失去，生坯在干燥后，可能产生收缩变形，甚至开裂。生坯的干后强度、气孔率与干燥后水分对后续工序有直接影响。对于生坯的干燥，必须根据不同的成型方法所致坯体的干燥收缩特点，确定正确的干燥方法和制定相应的干燥制度。

4. 施釉

釉是陶瓷表面那层晶莹通透的“玻璃”层，是陶瓷的霓衣云裳。釉不仅是陶瓷表面漂亮的装饰层，也是陶瓷坯体的保护层，而且对陶瓷器的机械强度、热稳定性都会产生良好的影响。

釉的种类很多（见图 5-42），按照釉药的成分可以分为：石灰釉、长石釉、铅釉、无铅釉、硼釉、食盐釉等；按照烧成的温度可分为：高温釉、低温釉；按照烧成后的表面特征可以

图 5-42 各种釉料

分为：透明釉、乳浊釉、有色釉、无色釉、裂纹釉、有光釉、哑光釉、结晶釉、窑变釉等。

釉面质量的好坏直接影响上釉产品的性能和质量。尤其是具有艺术价值的陶瓷产品，釉面质量更具有决定性的影响。当然，大多数的特种陶瓷不需要施釉，可跳过此道工序，直接进行烧结。

施釉的技巧其实包括了“选用什么釉”以及“用哪种方法施釉”这样两个问题。因为不同的釉，不仅颜色各有区别，还有厚与薄、透明与乳油、有光与吸光之分。相同造型的陶艺，如果施用的釉不同，所产生的效果也完全不同。加之要考虑釉和胎泥的收缩性、烧成温度是否相符，选用什么釉是很有挑战性的。同时，采用不同的施釉方法也很关键，不同的施釉方法，有的使釉呈现匀净、光洁的效果，有的使釉富于变化和流动感。

通常采用的施釉方法有：喷釉（见图5-43）、浇釉（见图5-44）、荡釉、浸釉、刷釉等。

图5-43　喷釉

图5-44　浇釉

5. 窑炉烧结

烧结过程是将坯体放置窑炉中（见图5-45）在一定条件下进行热处理，进行低于熔点的高温加热，使其内的粉体间产生颗粒粘结，经过物质迁移导致致密化和高强度而成为陶瓷产品的过程（见图5-46）。坯体在这一过程中经过一系列的物理、化学变化，形成一定的矿物组成和显微结构，获得所要求的性能指标。烧结对陶瓷制品的显微组织结构及性能有着直接的影响。正确的烧成制度，是保证获得优良产品的必要条件。

图5-45　陶瓷坯体窑炉烧结

6. 后续加工

该工序通常是针对特种陶瓷而言。特种陶瓷经成形、烧结后，还可根据需要进行后续精密加工，使之符合表面粗糙度、形状、尺寸等精度要求，如磨削加工、研磨与抛光、超声波加工、激光加工甚至切削加工等。

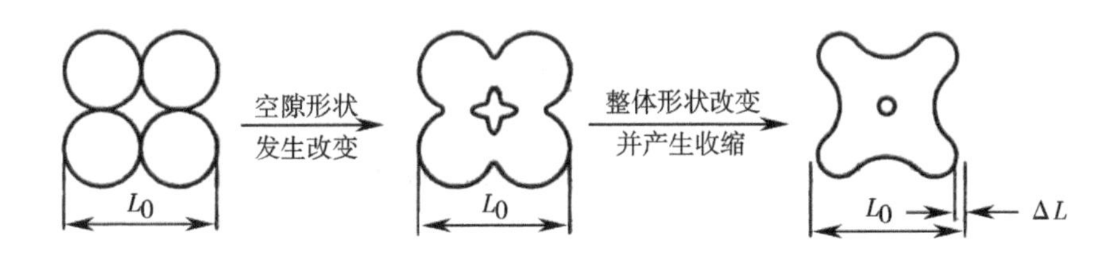

图 5-46　陶瓷的烧结过程

三、常用陶瓷制品

图 5-47　陶罐

1. 日用陶瓷

日用陶瓷是指人们日常生活中使用的陶瓷器皿，根据生产原料、结构特征，通常分为陶器、炻器与瓷器三大类：

1）陶器制品一般由粘土烧制而成，坯体为有色和无色，表面常施透明或不透明低温釉，烧制温度较低，一般不超过1000℃，通常有一定的吸水率，断面粗糙无光泽，结构不致密，不透光，敲击之声粗哑沉浊，具有亲切、朴实、耐久，但极具永恒而不易落伍的艺术特性（见图 5-47）。

另外，陶器按其坯体细密型、均匀性及粗糙程度，又有粗陶和精陶之分。

2）瓷器是以瓷土作原料，通常表面上高温釉，须经1200℃以上的高温烧制，其坯体致密、细腻，基本上不吸水，有一定的透光性，断面呈石状或贝壳状、白色，质地坚硬，轻轻敲打有金属般的清脆声音。主要制作日用器皿（见图 5-48）、美术瓷、装饰瓷等。

图 5-48　凿孔瓷容器

3）炻器是介于陶器与瓷器之间的一类产品，也称半瓷。炻器与瓷器的主要区别是：炻器坯体通常较厚，大多都有颜色，且无半透光性，有吸水性（吸水率 <2%），轻轻敲打有浑浊的声音。图 5-49 为格拉尔德·魏格尔设计制作的系列炻器。

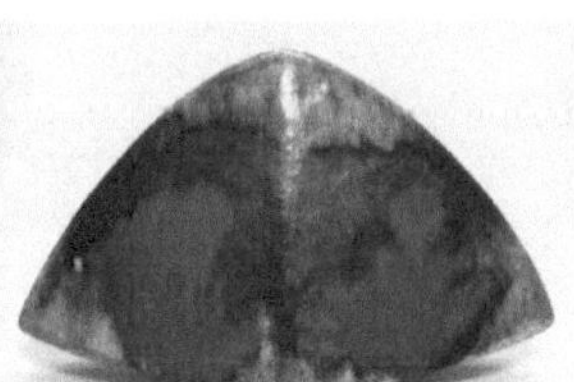

图 5-49　炻器（格拉尔德·魏格尔）

2. 陶瓷饰面砖

陶瓷作为建筑装饰材料，自古有之，产品装饰性强，具有良好的耐久性和抗腐蚀性，其花色品种及规格繁多（边长在5～100cm间），主要用作建筑物内、外墙和室内、外地面的装饰。在建筑与环境艺术装饰材料的设计运用中，陶瓷饰面砖是一种非常重要的装饰材料。陶瓷饰面砖以其坚固耐用、色彩鲜艳多样、图案丰富的装饰效果，加之易清洗、防火、抗水、耐磨、耐腐蚀和维修费用低等优点，应用日渐广泛，除传统用于卫生间、厨房和生活起居的家庭装修外，已广泛应用于办公、旅馆、医院等公共建筑的环境设计之中。现代建筑装修工程中应用的陶瓷制品主要为陶瓷饰面砖，包括釉面砖、墙地砖、陶瓷锦砖（马赛克）等。

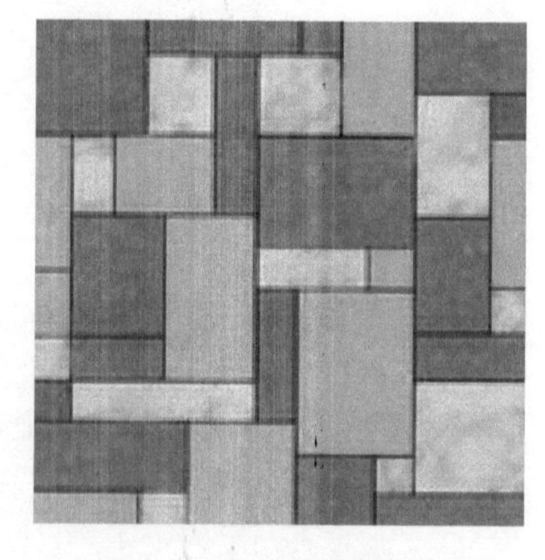

图5-50　陶瓷内墙面砖

陶瓷饰面砖是指将黏土和长石等主要原料，经特定的烧制工艺制成的陶瓷或半瓷的饰面陶瓷片。饰面砖可以用作建筑的内、外墙及地面的装饰，施工时可根据饰面砖的不同种类选用水泥浆、水泥砂浆或合成树脂等为粘结剂。

（1）陶瓷内墙面砖　陶瓷内墙面砖是指专用于建筑物内墙面装饰呈薄板状的粗陶瓷制品（见图5-50），因其表面施釉，又称釉面砖。该砖表面平滑，色彩丰富，图案花色多样，是较为高档的内墙装饰材料。它们除了具有装饰功能外，还具有防水、耐火、耐腐蚀、易清洗等功效，故多用于建筑物室内的浴池、厨房、卫生间、实验室等。釉面内墙砖吸水率在18%～20%之间，耐火性能差，因此，仅限于室内使用。

图5-51　普通墙地砖

（2）普通墙地砖　普通墙地砖可用于建筑外墙装饰贴面和室内外地面普通装饰（见图5-51）。普通墙地砖按其表面施釉与否分为无釉墙地砖和彩色釉面墙地砖。无釉面砖常见有米黄色、白色、紫红色等，而彩釉砖则通过施加各种色釉着色，色彩质感都十分丰富。釉面墙地砖生产工艺与釉面砖相似，只是增加厚度（8～10mm）和强度，降低了吸水率。

图5-52　陶瓷锦砖

（3）陶瓷锦砖　陶瓷锦砖俗称马赛克，其原料及生产工艺类似于上述墙地砖，表面也有无釉和施釉两种，边长不大于50mm（30.5mm×30.5mm常见），厚度为3～4.5mm。制品有正方形、长方形、三角形和六角形，拼成各种图案。陶瓷锦砖实际上是一种微型的墙地砖（见图5-52）。

为了便于施工，在出厂前按设计好的各种图案粘贴于牛皮纸上，为一联，一般每联305.5mm见方，故陶瓷锦砖又有“皮纸砖”的俗称。陶瓷锦砖质地坚硬，具有耐酸碱、耐磨、吸水率小、易清洗和永不退色等特点，可用于工业民用建筑的清洁车间、游泳池、卫生间、厨房、浴室等经常需清洗的墙面和地面，甚至还可以用于外墙面的装饰。

图5-53　卫生洁具

3. 卫生陶瓷

用于卫生设施上的带釉陶瓷制品，包括有洗面器、浴缸、便器、淋浴器、水槽等等卫浴产品。该类产品表面坚硬，玻化、不渗水的表面具有良好的耐污性和抗腐蚀性，易于保持清洁。它主要用作卫生间、厨房、实验室等处的卫生设施。常见的卫生陶瓷用品有座厕（见图5-53）和脸盆。

卫生洁具用品主要是使用注浆成型法来生产。生产产品的类型及规模不同，相应的注浆成型工艺也各不相同。用于成型的工艺可以制出中空的坯体。注浆产品的时候，要把陶瓷微粒和水倒入不漏水的模具中。一般注浆用的模具都由石膏制成，它可以把水从湿浆中脱离出来，而只在模具内留下陶瓷泥浆。翻转模具可以把多出的陶瓷泥浆倒出来。

图5-54　美术陶瓷

大型卫生洁具的生产通常使用一种名为真空压制的注浆成型工艺。通过抽吸把泥浆（水黏土）注入一个不漏水的模具，水在压力下会很自然地从模具中渗出。干燥后，把模具中的坯体拿出来，然后清理有瑕疵的部位，在快干机中干燥，喷釉后进行烘烧。烘烧时要考虑到烘烧的坯体会有收缩现象。

4. 美术陶瓷

它包括有陶塑人物、陶塑动物、陈设品等。产品的烧制工艺及其造型、釉色和装饰等都呈现出艺术特点。美术陶瓷具有较高的艺术价值，主要用作室内艺术陈设及装饰（见图5-54），并为许多收藏家所珍藏。

5. 园林陶瓷

它包括有中式、西式琉璃制品及花盆等。产品具有良好的耐久性和艺术性，并有多种形状、颜色及规格，特别是中式琉璃的瓦件（见图5-55）、脊件、饰件配套齐全，可用作园林式建筑的装饰。

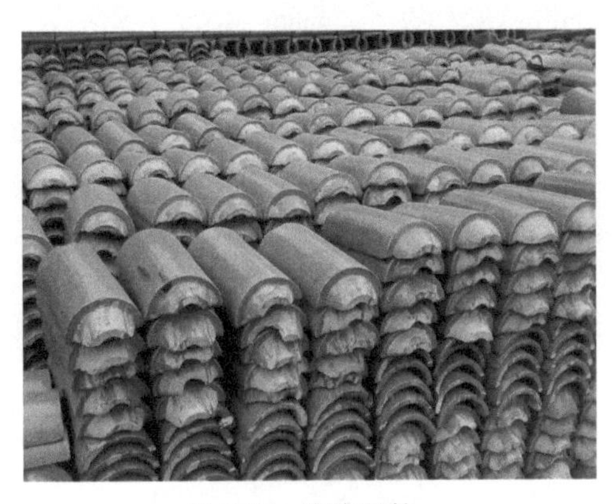

图5-55　琉璃瓦件

四、陶瓷材料在设计中的应用

图 5-56 金工陶瓷

时代在不断发展和进步，陶瓷材料在保持原有造型特征和艺术特征的基础上，通过设计师的灵活运用，创造出令人惊奇的陶瓷产品。

[设计实例]

1. 金工陶瓷（见图 5-56）

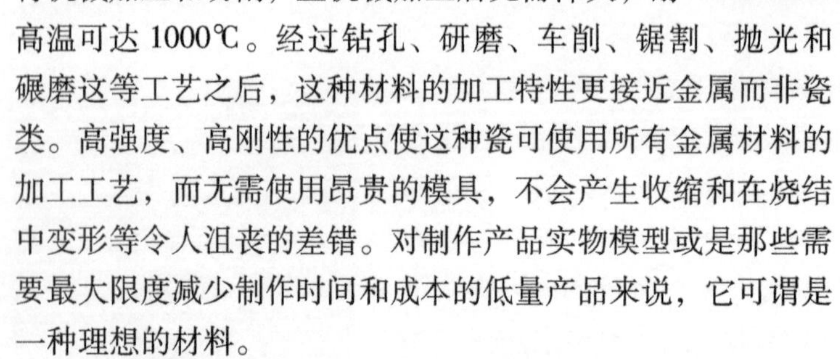

由精密陶瓷公司生产的金工陶瓷构件（Macor® 构件），是一种高强度的刚性材料，它非常洁白而且可抛光，用普通的金属加工工具即可进行机械加工和切割，且机械加工后无需淬火，耐高温可达 1000℃。经过钻孔、研磨、车削、锯割、抛光和碾磨这等工艺之后，这种材料的加工特性更接近金属而非瓷类。高强度、高刚性的优点使这种瓷可使用所有金属材料的加工工艺，而无需使用昂贵的模具，不会产生收缩和在烧结中变形等令人沮丧的差错。对制作产品实物模型或是那些需要最大限度减少制作时间和成本的低量产品来说，它可谓是一种理想的材料。

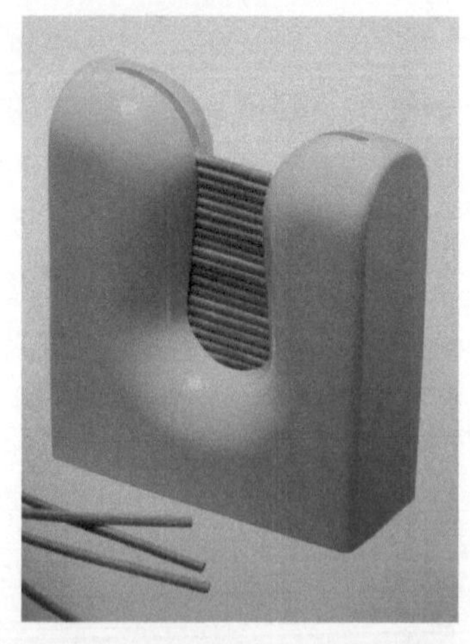

图 5-57 “Polar Molar”牙签架

2. “Polar Molar”牙签架（见图 5-57）

由设计师 KCLO 设计的“Polar Molar”牙签架，是采用注浆成型，由两部分粘合成内空的坯体，再经上釉制成的陶制桌上牙签架。“Polar”代表“地极”的含义，它同时又有着“棍子”的意思，这里我们可以引申为“牙签”。而“Molar”这个词则代表了牙齿。设计师 KCLO 说：之所以这样设计是因为使用者拿牙签时都乐意从中间，也是用最卫生的部位取牙签。”“Polar Molar”牙签架其中的一个功能就是可以把它放置在餐桌，在餐后或者是在乏味的宴席中引起用餐者的兴趣和话题。“Polar Molar”牙签架所采用的陶质材料烧结过程中比瓷器变形小，适合空心造型，通常烘烧温度低于 1200℃，成本低。

图 5-58 陶瓷杵臼

3. 陶瓷杵臼（见图 5-58）

由韦德陶瓷公司生产的陶瓷杵臼采用的材质不是普通级别的瓷，而是多用于工业部件（如高压电子绝缘器）的高张力瓷。这种高强度特性的瓷质材料已经开始应用于一些家用产品上。这种瓷质材料强度极高，具有良好的电绝缘性和极佳的化学稳定性，防刮痕和耐污。采用这种材料制作的略感笨重的陶瓷杵臼，白色的具有亚光表面的制品颇具一种冷峻沉重的感觉，具有良好的审美价值。

4. 海绵花瓶（见图5-59）

由荷兰设计师马赛尔·万德思（Marcel Wanders）设计的海绵状花瓶，是设计师将海绵浸入陶浆，使陶浆完全浸透海绵，用手指捅出放插花容器的小孔，把陶土制成的管状花托放入陶瓷海绵胎体的孔中，然后在瓷窑中烧制的。海绵在高温下化为灰烬，只剩下酷似海绵的陶瓷海绵胎体，即得到一款新奇别致、现代前卫的花瓶。设计师用古老传统的材料创作了体现现代创意的产品，充分体现了设计师对陶瓷工艺的了解和对陶瓷成型技术的前卫性探讨。

图5-59　海绵花瓶

5. “白化”拼板玩具灯（见图5-60）

这是由设计师KCLO设计的一款极具礼品价值的产品。设计师KCLO说道：“我设想能生产出一种非常好玩又好拆装的桌上用品。我在思索着为什么不能把产品做得更有趣味，给用户更多用一些快乐的笑容。”

图5-60　“白化”拼板玩具灯

“白化”拼板灯是一种简易的由白色瓷制成的放在桌面的油灯。所采用的瓷质材料可以说是一种具有玻璃状的陶瓷，也可以说瓷中含有玻璃的成分。这种材料具有极佳的抗热冲击能力，硬度极高，独特的白色外表，状似玻璃，防水，这使得产品能够存放液体。每一块拼板中可以盛放40ml的燃料。它是由一块块独立的拼板组成，这就是名称的由来。连起来的油灯像一块巨大的拼图。在你不使用它的时候，每块拼板可以朝上叠起来，可以节省出很多宝贵的空间。

6. Zero陶瓷餐刀（见图5-61）

设计者Seymour Powell设计的陶瓷餐刀刀刃采用号称“陶瓷钢”的新颖陶瓷材料——氧化锆陶瓷材料精制而成，刀柄采用高质量、防水的工程材料。氧化锆陶瓷材料是材料中强度最高和最具韧性的。这种材料比钢轻，比钢材料硬50%，化学性质不活泼，刚性极佳，用于现代厨房，具有一系列金属刀无法比拟的优点。陶瓷餐刀硬度高，耐磨性是金属刀的60倍；刀刃锋利，能削出如纸一样薄的肉片；材料化学性能稳定，不与食物发生任何反应，不生锈变色，可耐各种酸碱有机物的腐蚀，健康环保；刀具表面粗糙度值非常小，色泽圆润、洁白，有玉的质感，不玷污，清洁容易；该刀完全无磁性，且为全致密材料，无孔隙。同金属刀具相比，陶瓷餐刀性脆，用它来切砍骨头或用作撬棒使用的话则易损坏刀具。陶

图5-61　Zero陶瓷餐刀

瓷餐刀的工艺是将陶瓷粉末和特殊黏合剂压制成型，制作出刀具的坯体，在1000℃左右的温度下烘烤，然后用金刚石砂轮进行打磨，最后安装刀柄。陶瓷餐刀充分体现新世纪、新材料的绿色环保概念，是当代高新技术为现代人奉献的又一杰作。

7. 雷达“银钻”计时表（陶瓷手表）（见图5-62）

当一般手表制造商还在使用金、铜或钢这些常规原材料来制造手表的时候，雷达公司已开始采用创新材料。雷达品牌创立于1957年，因其率先使用超前材料制成的独特产品而在业内建立了声誉。

图5-62　“银钻”计时表

在很短的时间内，雷达公司就生产出了世界上的第一块永不磨损手表。雷达的目标就是：制造出美观的手表并且恒久美观。就是在20世纪80年代，陶瓷首次被作为高性能材料来制作手表。此时的陶瓷已经在很多高科技领域如航天飞机上开始使用。陶瓷技术的发展给雷达公司带来了可实现生产出超坚硬、永不磨损目标的可能。

超精细氧化锆或碳化钛粉也可用于手表的生产。氧化锆是一种较为常用的高性能陶瓷原料。这种材料具有极佳的强度及断裂韧度，其坚韧的特性使其更易抵抗破裂，具有超硬、超耐磨性，化学稳定性极佳，耐高温，可至2400℃，致密，低导热性（是氧化铝的20%）。氧化锆的颗粒较细小，这样使得由它制成的表面涂层更为圆润，也使其使用于制作刀具、活塞、轴承产品，甚至是华丽的首饰制品。

这些粉末在压制成型后，在1450℃的温度进行烧结，然后用钻石沙抛光使其表面更为光亮、更具金属感。雷达公司还是用陶瓷注铸技术来生产更为复杂、精密的“整体陶瓷”系列手表产品。雷达公司将纯度和熔点极高的有色氧化物与陶瓷粉进行混合，制出了色彩丰富的高科技陶瓷材料。

8. 居室灯（见图5-63）

由美国设计师哈里·艾伦设计，设计师利用发泡陶瓷的透光性，设计出了“一个想法疯狂的作品”，发泡陶瓷的成型是在发泡聚氨酯中注入各种氧化物与其他材料的混合物，通过高温烧制，使聚氨酯分解消除，从而得到珊瑚状的发泡陶瓷。“居室灯”是将发泡陶瓷进行钻锯加工，得到所需的形状再配予灯座。灯座由金属片焊接成形，表面涂饰处理。所有的电气配件都由螺钉固定在灯座内。

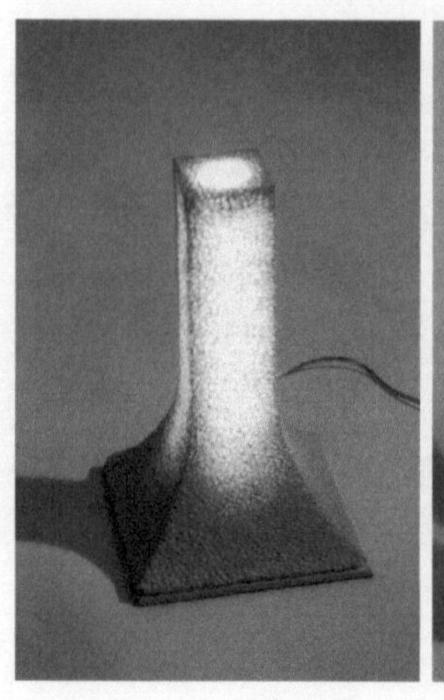
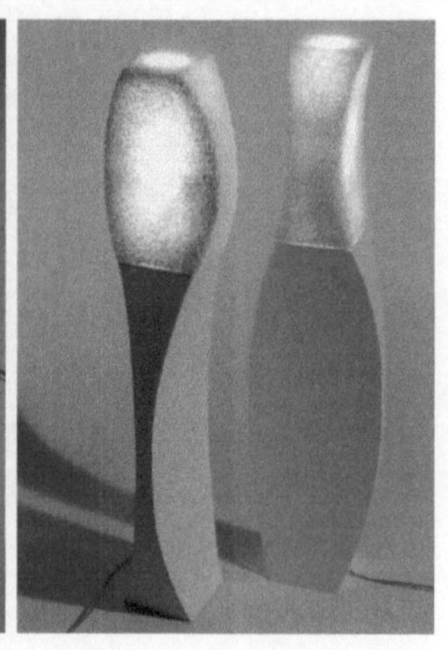
图5-63　居室灯

9. 茶壶（图5-64）

由丹麦设计师奥利·詹森设计。在塑料材料制品盛行的今天，乍一看这个茶壶，你可能会以为它又是一件塑料产品。其实不然，它的材料是最为古老的陶土。实际上，传统材料在现代日用品的制造中仍然扮演着重要角色。它奇异的造型设计师得益于使用了分模工艺，把模具分成了4块。

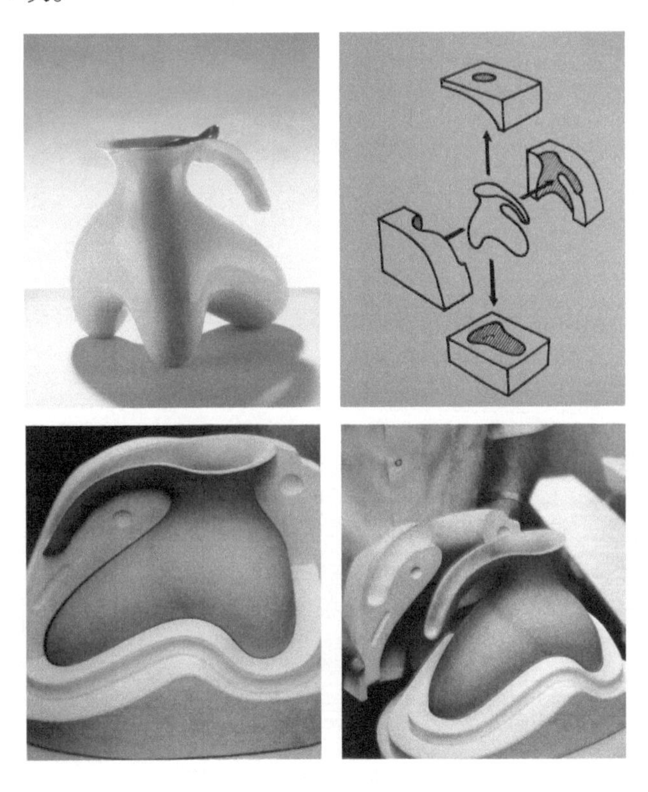

图5-64　茶壶

10. 陶瓷“编织墙”（见图5-65）

Muurbloem工作室的设计师Gonnette Smits，在欧洲陶瓷工作中心研制开发出一系列陶瓷墙体材料，使其看上去拥有一种更舒服的触觉感受。这种陶瓷材质，耐高温及腐蚀，表面坚硬，该产品不仅是一种单一设计理念的实体转化，而是一个产品系列，它能够依据不同工程的具体要求而制作出相适应的产品。用设计师自己的话说：“当一座建筑物的外墙看上去好像用手工编织而成的时候，它可以创造出一种奇幻如诗般的意境，而这也正是设计想表达的。我们当然可以在

图5-65　陶瓷“编织墙”

‘线’的颜色以及针脚的方式上开些小玩笑，譬如说将它织成一件挪威款毛衫，那样的话，我们就可以将那建筑物描述为一座穿了羊毛衫的大厦了。”

第三节　石　　材

石材是指从天然岩体中开采出来并经加工而成的块状、条状或板形饰材的总称（见图5-66）。天然石是由于火山作用，岩浆从地壳中喷出时在地下或地表凝固而成火成岩。一部分火成岩在外界条件作用下随时间的推移成为沉积岩，而火成岩和沉积岩由于大规模的地壳变动，受到高压的作用成为变质岩。我们所使用的天然石材包括石材形成过程中各阶段的产物（火成岩、沉积岩、变质岩）。

图5-66　天然石材的开采

一、石材的种类

根据不同的目的与标准，石材有多种分类，如根据石材运用的形态与施工构造可分为饰面石材、块石和条石三大类；根据不同的加工工艺形成的表面艺术效果、石材的色泽纹理，又有许多的类型。通常是根据石材的形成途径进行分类；

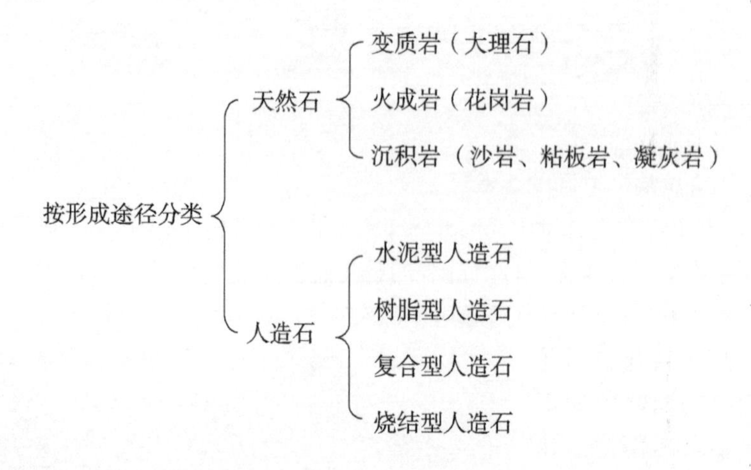

二、天然石材

天然石材在地球表面蕴藏丰富，分布广泛，便于就地取材。在性能上，天然石材具有抗压强度高、耐久、耐磨等特点。石材具有坚实、稳重的质感，可以取得凝重庄严、雄伟的艺术效果，但是天然石材开采、加工困难，表观密度大，运输不便。

1. 大理石

“大理石”是以云南大理城的大理县命名，因这里盛产大理石而驰名海内外。大理石是火成岩形成的变质岩的一种，是石灰岩（主要化学成分为各阶段的碳酸岩）经过高温高压作用而成的结晶质岩石，其主要矿物是方解石、白云石，如大理岩、白云岩、灰岩、砂岩、页岩和板岩等。大理石中因含 Mg、Al、Fe 等不均匀分布的杂质，故有各种各样的颜色和斑纹，色彩纹理丰富（见图 5-67），其颜色有灰、红、黑、黄、绿、茶等多种，其斑纹有麻斑点、线状、网状之分。大理石质地密实，表面硬度不大，易于抛光加工。因大理石的主要化学成分为碱性碳酸钙，易在空气中被酸类物质侵蚀而失光。故除个别品种外（如丹东绿、汉白玉等）一般不用做室外装修，而多用于室内的墙避面和部分磨损较少的地面。否则，当其受到酸雨及空气中酸性氧化物与水形成的酸类物质的侵蚀会失去光泽，甚至因受腐蚀而出现斑点，影响装饰效果。

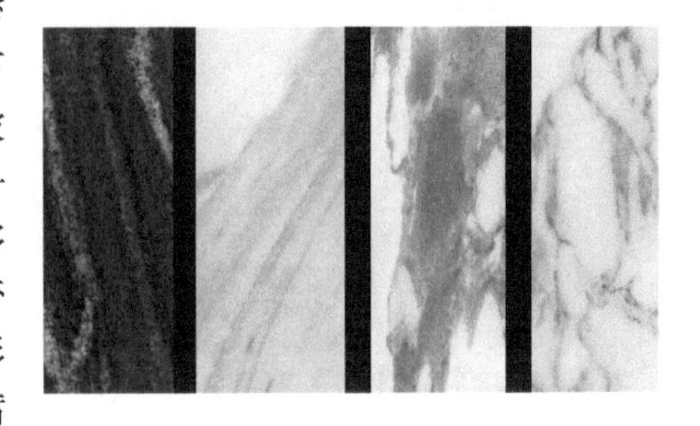

图 5-67　大理石纹理

2. 花岗岩

花岗岩属火成岩的深成岩，是火成岩中分布最广的一种岩石，其主要矿物成分为石英、长石及少量暗色矿物和云母。花岗岩是全晶质结构的岩石，按结晶颗粒大小的不同，可分为细粒、中粒、粗粒及斑状等多种。花岗岩的颜色和光泽取决于长石、云母及暗色矿物质，通常呈灰、黄、红及蔷薇色（见图 5-68）。花岗岩经加工后的成品叫花岗石。

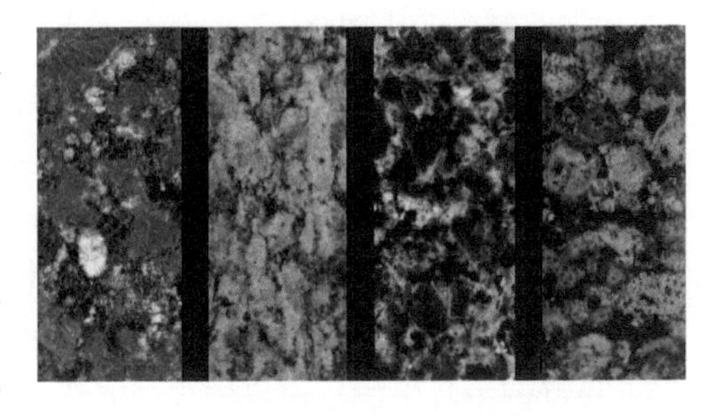

图 5-68　花岗岩石的纹理

花岗石抗压强度高，孔隙率小，质地致密，吸水率低（0.1% ~0.7%），材质坚硬，耐磨性好，不易风化变质，耐久性高。花岗石的化学成分中含 SiO_2 很高，约为 67% ~75%，故花岗石属酸性岩石，耐酸性好。花岗石不抗火，火灾时严重开裂。花岗石由于质地坚硬，耐磨、耐酸、耐久，外观稳重大方，所以被公认是一种优良的建筑结构及装饰材料，为许多大型建筑所采用。

三、人造石材

人造石材是一种新型的饰面装饰材料。与天然石材相比，人造石材色彩花纹的装饰效果可以人为控制，其比重小于天然大理石和花岗岩，而抗折强度又大于天然石材，耐腐蚀性甚至可以胜过天然石。人造石材表面光泽度高，其花色可以模仿天然大理石、花岗岩，在实现设计富有装饰性的同时又多了一份表现的自由度。人造石材装饰效果等同甚至优于天然石材，而其耐污染、抗腐蚀性强，施工方便，是现代建筑与环境的理想装修材料。

人造石材都是由大理石或花岗岩颗粒、屑或粉末等骨料经筛选研磨处理后，与水泥或树脂等粘结材料按配比混合，再经养护或煅烧、切割等一系列工序加工而成。在成型前属于流体，具有可塑性强的优势，成型后又具有石材的特点，故此可以通过模具成型，生产许多人造石材制品和艺术品。

人造石材种类繁多，根据骨料不同，人造石材分为人造大理石和人造花岗岩两大类；根据粘结剂不同，可分为水泥混凝土或聚酯混凝土两大类。综合人造石材的材质构成和加工工序，通常可分水泥型人造石材（水磨石）、树脂型人造石材、复合型人造石材和烧结型人造石材四类。

在四类人造石材中，水泥型人造石材价格最低廉，但产品耐磨饰性差，容易出现龟裂，影响装饰效果，主要用于生产装饰板材；树脂型人造石产品的物理性能和化学性能最好，花色肌理也最易设计，光泽度最好，但生产成本最高；复合型人造石综合了上述两种方法的优点，即有良好的物理、化学性能，成本也较低；烧结型人造石只用黏土作粘结剂，产品破损率高。目前，市场上某些“人造文化石”采用烧结法生产，利用熔烧产生的裂纹，呈现其层状肌理的韵律之美。

四、石材的应用

1. 石材的选用原则

天然石材品种多，性能差别大，在建筑设计时应根据建筑物等级、建筑结构、环境和使用条件、地方资源等因素选用适当的石材，使其主要技术性能符合使用及工程要求，以达到适用、安全、经济和美观。

（1）适用性　按使用要求分别衡量各种石材在建筑中的适用性。对于承重构件，如基础、勒脚、墙、柱等主要考虑抗压强度能否满足设计要求；对于围护结构构件要考虑是否具有良好的绝热性能；用作地面、台阶、踏步等的构件要求坚韧耐磨；对于装饰部件，如饰面板、栏杆、扶手、纪念碑等，还需要考虑石材的雕琢、磨光性，以及石材的外观、花纹、色彩等；对于处在特殊环境，如高温、高湿、水中、严寒、侵蚀等条件下的构件，还要分别考虑石材的耐火性、耐水性、抗冻性以及耐化学侵蚀性等。

（2）经济性　天然石材密度大，运输不便，应利用地方资源，尽可能做到就地取材。难于开采和加工的石料，必然使成本提高，选材时应充分考虑。

（3）安全性　近年来一些住宅建筑使用了不安全的装修材料后，使人民的身体健康甚至生命安全受到极大的损害。为此，我国制定了国标 GB6566—2001《建筑材料放射性核素限量》，对建筑材料的放射性水平作出限制。

2. 石材的艺术特质

石材的基本特点是质硬、耐久和有重量感，因此适用于形体简洁、尺度巨大宏伟的公共建筑，以渲染建筑的象征性、纪念性和高贵典雅的气质。如古埃及金字塔、雅典的庙宇和美国国家艺术馆乐馆（贝律铭设计）都是将石材的材性与使用的环境相协调的经典案例。石材的第二个特点是其天然的纹理、斑斓的色彩和微妙的肌理。无论是粗坯的还是磨光的石料都有质朴的美，有的石材的天然纹理如同动植物的化石，更是令人回味无穷，浮想联翩。

石材因其化学成分、形成途径、加工工艺的不同，使得石材形态、质感、肌理、色泽千变万化，而现代科技的应用使石材的艺术表现的潜力也被逐渐挖掘出来，从而产生多姿多彩的艺术效果。

图 5-69　石材的艺术特质

石材以其丰富的纹理、变幻的光泽、拙朴厚重、沉稳高贵的艺术特质（见图 5-69）在设计中占有极其重要的一席。因此，设计师在运用石材时不仅要掌握石材物理性能、化学性能上的特点，巧妙科学地加以发挥和利用，还要掌握石材的本身的传统和艺术特质，并结合时代的技术潜力进一步挖掘和发挥出石材的特性，探索石材由不同的加工工艺和施工工艺产生的新的艺术表现，创造新颖的艺术形象。

3. 石材制品

随着科技的发展、加工工艺与技术的进步，各种石材制品不断涌现，其应用领域不断扩大（见图 5-70）。

图 5-70　石材制品

（1）饰面石材

饰面石材，作为环境艺术铺装材料，主要是以其装饰性的外观质量如光泽、花纹、颜色为评价指标。但对石材抗折强度、密度、吸水率、耐磨性、抗腐蚀性等物理化学性能指标的把握，更利于合理、正确地发挥其外观的装饰性。

图 5-71　饰面石材

饰面石材的成才过程一般是由开采的荒料经锯切、表面加工和再锯切三个过程后成为一定规格或应用户要求的成品，加工过程目前全部采用机械化。值得注意的是不同的表面加工工艺形成的饰面石材具有不同的用途和艺术效果，了解这些有利于更加充分合理的使用石材，最大限度的发挥其艺术装饰作用，符合整体艺术创意的需要。常见的饰面石材有剁斧板、机刨板、粗磨板、磨光板、火烧板、蘑菇石等（见图 5-71）。

（2）石材饰品　将人造石成型前的可塑性与工艺、艺术创新相结合生产一系列的人造石饰品，展示了人造石饰品灵活、逼真、经济、美观的特点。

图5-72为德国设计师阿尔弗雷德·凯恩兹（Alfred Kainz）设计的盘子，它由多层不同质地的石材，如水晶石、大理石、石灰石等，采用彩色胶粘剂粘合而成，然后通过不同深度的打磨，呈现出不同层次的天然材质的色泽和肌理，从而得到模仿石材天然风化的感觉。打磨抛光后的每个盘子都现出各不同的风貌。每个盘子都是手工制作的，都各不相同，具有独特性，因此被看作是艺术品。

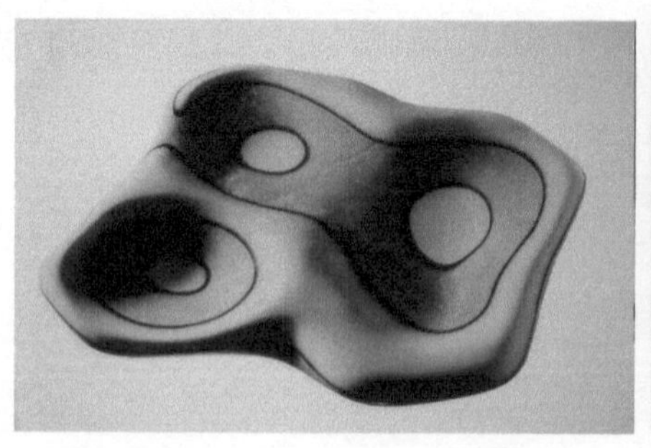
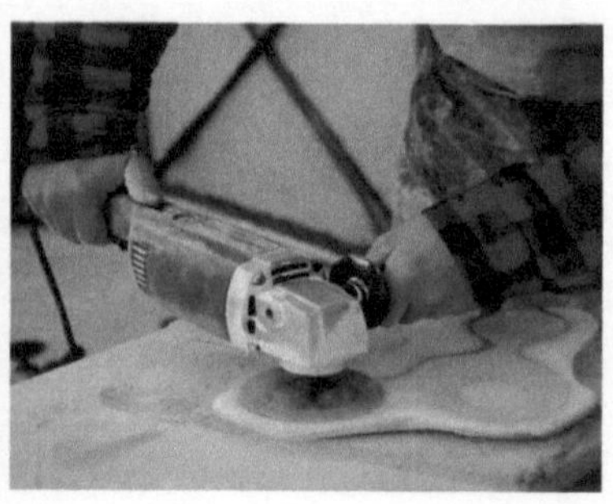

图5-72　盘子

第四节　其他无机材料

一、石膏

石膏是一种价格低廉、来源方便、具有良好成型性能的材料。

石膏（$CaSO_4 \cdot 2H_2O$）是一种气硬性胶凝材料。石膏及制品具有质轻、保温隔热、隔声、防火等性能。其防火原理是 $CaSO_4 \cdot 2H_2O$ 遇火时，部分结晶水变成水蒸气而释放出来，形成的“气幕”能阻止火势蔓延，同时形成的无水 $CaSO_4$ 是优良的阻燃物，故石膏有较好的防火性能。它的主要缺点是耐水、防潮性能差，硬化过快，抗折强度低。改善办法是在熟碳中加石蜡、有机硅等改善其耐水性；掺入玻璃纤维、纸纤维或板面贴纸，以提高抗折强度；掺加硼砂等缓凝剂以改善凝结性能。

石膏又称生石膏或二水石膏，化学成分为 $CaSO_4 \cdot 2H_2O$，一种天然的结晶型矿物，结构为单斜晶系，晶体呈板状、细粒状或纤维状，外观为白色，含杂质时呈灰色、灰黄色或淡红色。石膏密度为2.3g/cm^3，硬度为莫氏硬度二级，性较脆，微溶于水。生石膏加热至不同温度可脱水成硬石膏（$CaSO_4$）和熟石膏（$CaSO_4 \cdot \frac{1}{2}H_2O$）。

$$CaSO_4 \cdot 2H_2O \xrightarrow[\triangle]{150℃\sim170℃} CaSO_4 \cdot \tfrac{1}{2}H_2O + {}^{3}/{}_{2}H_2O$$

$$CaSO_4 \cdot 2H_2O \xrightarrow[\triangle]{400℃} CaSO_4 + 2H_2O$$

1. 熟石膏

熟石膏又称半水石膏、烧石膏、模型石膏，由生石膏在150℃～170℃下加热而得，与水调合制成的石膏浆（见图5-73）具有胶凝性（一般5～15分钟就凝结），胶凝后的形体轮廓清晰，表面光滑，质地洁白，有一定强度，干燥后不易开裂、变形走样，干燥后打磨可获得光洁细致的表面，易涂饰着色，但强度低，性脆和易吸湿。熟石膏可采用浇铸法、雕刻法（见图5-74）、翻制法（见图5-75）、旋转法（见图5-76、图5-77）、成型，通过刮、削、刻、粘等方法进行加工制作。熟石膏主要用作胶凝材料、模型材料及建筑石膏制品等。

图5-73 配制石膏浆

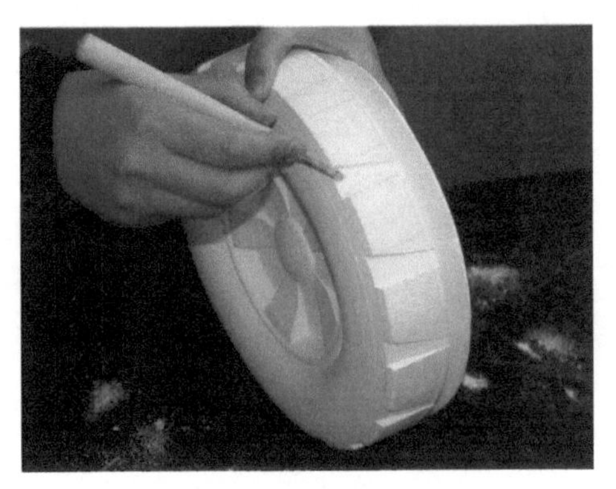

图5-74 石膏的雕刻成型

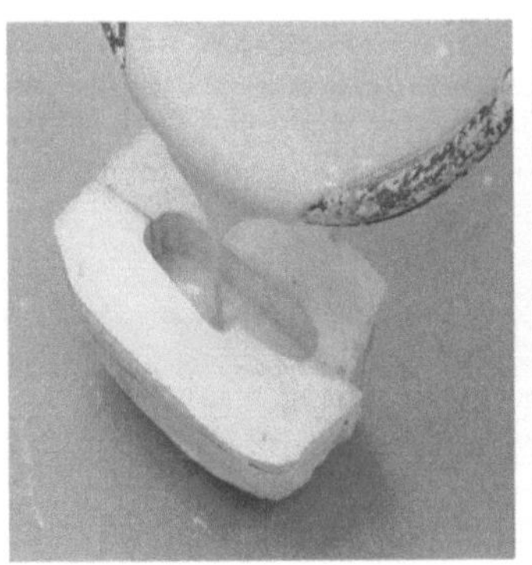

图5-75 石膏的翻制成型

图5-76 石膏的旋转成型

图5-77 采用旋转成形的石膏模型

2. 硬石膏

它又称无水石膏，由生石膏加热到400℃而得，不具有胶凝性，性脆，致密坚硬，多作建筑材料、填充材料等。

3. 石膏制品

石膏在装饰艺术方面的运用近年来随着国内外生产技术的发展，产品的种类及装饰效果都有所提高，加之有价格上的优势，运用亦越来越普遍。

目前，石膏及其制品系列装饰材料的品种以板材为多，如纸面石膏板、装饰石膏板，纤维石膏板等。石膏浮雕部件近来亦得到广泛应用，并取得良好装饰效果。

（1）纸面石膏板　以建筑石膏为主要原料，掺入纤维和外加剂构成芯材，外覆护面纸，经凝固、切断、烘干而成的建筑板材称纸面石膏板。普遍纸面石膏板主要用做室内隔断及墙体和吊顶装饰，如果在厨房、厕所等空气相对湿度大于70%的环境中使用，需采取防潮措施。护面纸经特殊处理后，可制成防火或防水纸面石膏板，放水纸面石膏板不需再做抹灰，但不适用于雨蓬、檐口板或其他高湿部位。

（2）装饰石膏板　装饰石膏板是建筑石膏为基料，掺入纤维和外加剂后，与水一起搅拌为均匀的浆，再经浇注成型而成的不带护面纸的石膏板、块，主要用于顶棚装饰。其品种有多种平板、花纹、浮雕装饰板，穿孔及半穿孔吸声装饰板等。

图5-78　装饰石膏板

装饰石膏板具有施工方便，加工性能好，有可锯、钉、刨、粘等优点。它色调淡雅，美观大方，具有较好的吸声性和良好的装饰效果，被广泛应用于影剧院、办公室、宾馆、教室等民用建筑室内顶棚的装饰（见图5-78）。

（3）纤维石膏板　纤维装饰石膏板的规格有（以mm为单位）：500mm×500mm×9mm，600mm×600mm×11mm。纤维石膏板中加入玻璃纤维、纸浆或矿棉等纤维制成的无纸面石膏板，它的抗弯度和弹性高于其他石膏板。它除适用于隔墙、吊顶装饰外，亦可用于家具制作。

（4）石膏装饰制品及构件　石膏在凝固前装模，造型简便，可制成多种凹凸花纹造型的装饰制品及构件，如西式古典柱头、柱身、浮雕、石膏装饰线、花角等等。它们具有立体感强、造型生动、不变形、不退色等特点，广泛用于酒吧、餐厅等公共建筑及民用住宅的装饰。

二、黏土

黏土是一种含水铝硅酸盐矿物质。由地壳中含长石类岩石（高岭土、纳长石、石英等）经过长期风化与地质作用而生成。在自然界中分布广泛，种类繁多，储量丰富。其主要化学成分是氧化硅、氧化铝和水，有的含有少量氧化钾，质地细腻，含沙量少，和水掺合产生可塑性，经破碎、筛选、研磨、淘洗、过滤、配成泥坯料可用于塑制及需要拉坯成型的模型。

黏土具有良好的粘结性、吸附性、脱水收缩性、耐火性和烧结性。它具有良好的可塑性，能满足设计构思要求自由塑造，同时修刮、填充方便，可反复使用。黏土易于干裂变形，可加入某些纤维（如棉纤维、纸纤维等）以改善和增强黏土性能。黏土多作为研究模型，用于产品设计初期阶段形体定型的推敲研究。用于模型制作的黏土通常是用水调合质地细腻的生泥，经反复砸揉而得，其粘合性强，使用时柔软而不粘手，干湿度适中为宜。黏土可塑性大，可以根据设计构思自由反复塑造，在塑造过程中可随时添补、削减，充分体现了黏土材料在塑制过程中的优点，极适合研究模型的制作（见图 5-79）。

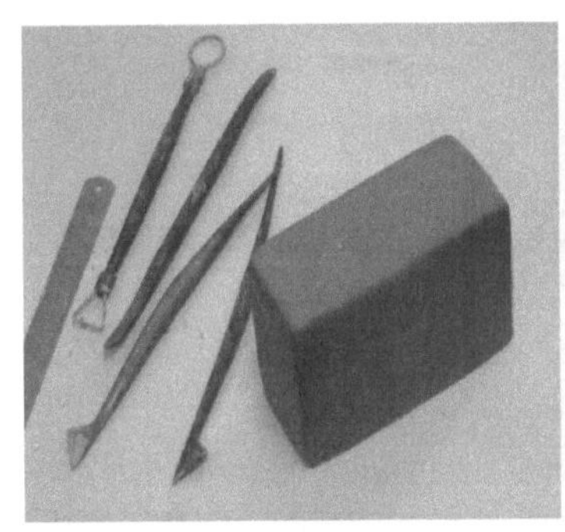

图 5-79　小型黏土模型的制作

由于黏土模型所使用的黏土属水性材料，干燥后易裂，不便保存，一般多用于设计创意模型的制作或翻制成石膏模型以便保存。

三、油泥

油泥是一种软硬可调、质地细腻均匀、附着力强、不易干裂变形的有色造型材料，它是一种油性材料。

油泥材料由粘土、凡士林、硫磺、油料、蜡、树脂、填料等配制而成。配制比例可根据使用环境及季节而作适当变化。调整组成的配比，油泥的硬度、粘度、可塑性、刮削性会发生相应的变化。油泥的可塑性会随组成、环境温度而产生变化。在环境温度较低的情况下油泥会变硬，在环境温度过高的情况下油泥会变软。过硬或过软都会影响油泥的可塑性。

油泥可塑性随温度变化，碰撞易变形。在室温条件下，油泥呈硬固状态，附着力差，需经加热变软后才能使用。加热温度要适当，如果加热温度过高会使油泥中的油与蜡质丢失，造成油泥干涩，影响使用效果。

油泥可反复使用，在反复使用过程中不要混入杂质，以免影响质量。

油泥具有良好的可塑性，可进行塑、雕、削、刮、堆、填、补等加工，修改填补方便，不易碎裂，但其后期处理比较麻烦。油泥材料是设计中使用较多的一种模型材料，主要用来制作产品的研究模型和展示模型，是表现设计构思较为理想的材料。

目前，在设计中使用较为流行的油泥材料是一种日本进口油泥，其质地细腻，加热软化温度为 40 ~ 50℃，软化铺贴时不粘手，冷却后较为硬挺，成型后不易变形，深受设计人员青睐。这类油泥的外观颜色通常为土黄色和深灰色，常用于制作研究模型（见图 5-80、图 5-81）。

图 5-80　黄色油泥材料及模型

图 5-81　灰色油泥材料及模型

思考题

5-1 玻璃和陶瓷有何区别和联系？它们各有哪些材质特征？

5-2 试述平板玻璃加工产品的种类、特点和用途。

5-3 简述玻璃的生产工艺以及主要成型方法。

5-4 简述陶瓷制品坯料成型的主要方法。

5-5 石材的基本特性是什么？大理石与花岗石在性能、应用上有何不同？

5-6 石膏、粘土和油泥在设计应用中有何特征？

第六章
复合材料及工艺技术

学习目的：建立关于复合材料的组成、分类和性能的基本概念。掌握常用复合材料的种类和应用。

随着现代科学技术的发展，对材料性能的要求越来越高、越来越全面。除要求材料具有高强度、高模量、耐高温、低密度以外，还对材料的韧性、耐磨、耐腐蚀、电性能等提出了种种特殊要求。更特殊的是有些制品要求材料具有一些互相矛盾的性能，如导电且绝热、强度高弹性好、又能焊接等。这对单一材料来说是无法实现的，通过采用复合技术，把一些不同性能的材料复合起来，取长补短，来实现这些性能要求，于是就出现了现代复合材料。

第一节　复合材料的基本特征

一、复合材料的概念

复合材料是指两种或两种以上不同化学性质或不同组织结构的材料，通过不同的工艺方法组成的多相材料，一般是由高强度、高模量和脆性很大的增强材料和强度低、韧性好、低模量的基体所组成。常用玻璃纤维、碳纤维、硼纤维等做增强材料，以塑料、树脂、橡胶、金属等做基体组成各种复合材料。

由于可用于复合的素材种类繁多，所以组合成的复合材料也不计其数。如将之归类，至少可能有如图 6-1 所示的 10 类。其中每一根线的两端指示一种可能的组合。

复合材料的开发保留了各自的优点，克服和弥补单一材料的某些弱点，得到单一材料无法比拟的、优越的综合性能，从而充分发挥材料的综合性能，取长补短，产生从未有的新机能，达到最好的使用要求，成为一类新型的工程材料。

二、复合材料的特点

由于复合材料能集中和发扬组成材料的优点，并能实行最佳结构设计，所以具有许多优越的特性。

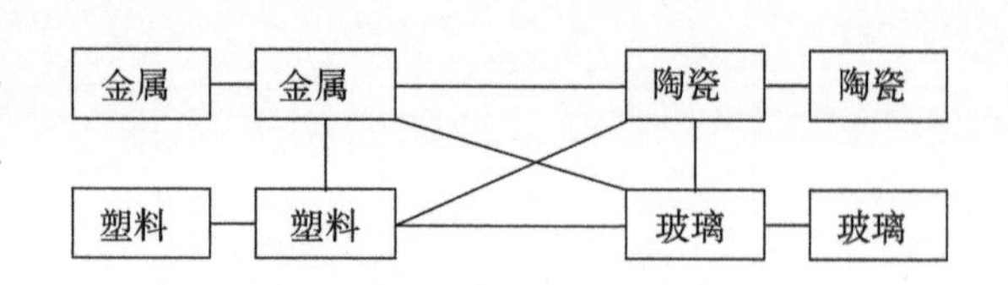

图 6-1　可能复合的素材组合方式

1）比强度（强度与密度之比）、比模量（弹性模量与密度之比）高。比强度越大，材料自重越小；比模量越大，材料的刚性越大。纤维增强复合材料的比强度和比模量是各类材料最高的。复合材料与具有同等强度和刚度的高强度钢制零件相比，其自重可减轻 70%。

2）良好的抗疲劳性能。多数金属的疲劳极限是抗拉强度的 40%～50%，而碳纤维增强的复合材料则可达 70%～80%。

3）良好的减摩、耐磨性能。当选用适当的塑料与钢板构成复合材料时，可作耐磨构件如轴承材料等。若将石棉等材料与塑料复合，则可以得到摩擦系数大、制动效果好的摩阻材料。

4）减振能力强。复合材料的减振能力强，可避免在工作状态下产生共振及由此引起的破坏。此外，由于复合材料中纤维与基体界面吸振能力大，阻尼特性好，即使结构中有振动产生，也会很快衰减。

5）高温性能好。各种增强纤维的熔点或软化点一般都较高，用这些纤维与塑料、金属组成复合材料，高温强度均有较大提高。一般铝合金在 400℃时弹性模量大幅度降低，并接近于零，强度也显著下降，而碳纤维增强复合材料在此温度下的强度和模量则基本不变。

6）复合材料的化学稳定性好。

7）成形工艺简单灵活及材料、结构的可设计性好。

上面所列出的有关复合材料的一些主要特点，概括起来有两个方面。一方面强调了复合效果，说明了复合材料在性能和成形上具有经单一组分所没有的各种长处；另一方面突出了复合材料的可设计性，这有利于最大限度地发挥材料的作用，减少材料用量，满足特殊性能要求。复合材料在产品设计中的应用，给人们以应用最新科学技术的材质美的印象，这本身就包含有科学美，具有鲜明的时代感，因而，复合材料越来越受到人们的重视。

在设计阶段，不论选用什么材料，同时还应考虑其废弃物的处理，这已成为现代设计的原则。从这一角度来说，复合材料的回收处理较困难，易引起环境问题。所以，采用复合材料设计产品时，必须充分考虑其回收处理的可能性。

三、复合材料的分类

复合材料一般由基体材料和强化材料两部分组成。基体材料起粘接作用，增强材料起强化作用。复合材料的分类方法有很多，按使用性可分为功能复合材料和结构复合材料两类；按基体可分为树脂基复合材料、金属基复合材料、陶瓷基复合材料、碳-碳复合材料；按照复合形式可分为纤维增强复合材料、弥散强化复合材料、颗粒复合材料、层合复合材料（见图 6-2）。在设计中应用最广的是纤维增强复合材料。

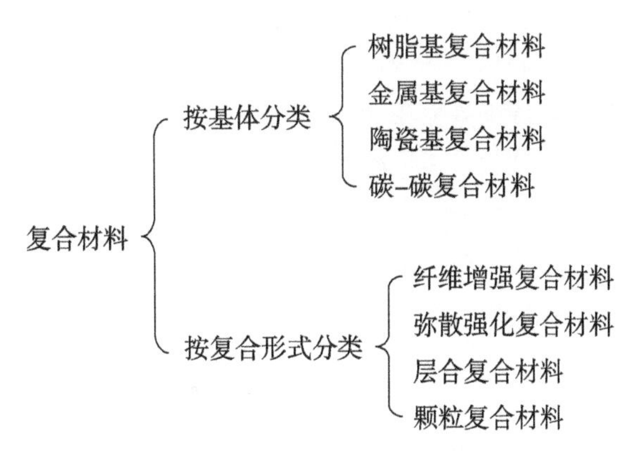

图 6-2　复合材料的分类方法

第二节　常用复合材料

一、纤维增强复合材料

纤维增强复合材料是性能最好、应用最多、发展最快的复合材料。它一般由高强度、高模量但脆性大的增强纤维和强度低、模量低但韧性好的基体组成。增强纤维以纤维状物质或织物为主，常用的有玻璃纤维、碳纤维和硼纤维，还可采用金属纤维、陶瓷纤维、化学纤维等，其中玻璃纤维是最常用的增强纤维。增强纤维的加入增强了树脂的力学性能和其他性能，使增强塑料具有优良的综合性能。

（一）玻璃纤维增强塑料

它又称玻璃钢，是重要的高分子复合材料，一种重要的工业造型材料。

玻璃纤维增强塑料是常用的增强塑料之一，是以玻璃纤维及其制品（织物、毡材等）为增强材料制成的树脂基复合材料。

玻璃纤维是由玻璃经过高温融化成液体并以极快的速度拉制而成。玻璃原来的性能很脆，但拉成纤维后柔软如丝，可以像棉纱一样纺织，可制成玻璃布。玻璃布按其编织方法不同，分为平纹布、斜纹布、缎纹布以及单向布。

玻璃纤维具有高的抗拉强度，其抗拉强度比天然或化学纤维高5~30倍，约比高强度钢高2倍，其弹性模量较高，耐热性好，在200~300℃时力学性能变化不大，在300℃以上强度才逐步下降；玻璃纤维的化学稳定性高，除氢氟酸、热浓磷酸和浓碱外，对所有化学介质均有良好的稳定性，这点是天然纤维和化学纤维都比不上的。玻璃纤维的主要缺点是脆性较大，耐磨性、柔软性较差；纤维表面光滑，不宜与其他物质相结合；对人的皮肤有刺痛的感觉。

玻璃纤维增强塑料按树脂性能可分为热固性和热塑性两大类，即热塑性玻璃钢和热固性玻璃钢两种。

1. 热塑性玻璃钢

热塑性玻璃钢是以玻璃纤维为增强剂和以热塑性树脂为粘结剂制成的复合材料。用作粘结材料的热塑性树脂有尼龙、聚碳酸脂、聚烯烃类、聚苯乙烯类、热塑性聚脂等，其中以尼龙的增强效果最为显著。

热塑性玻璃钢同热塑性塑料相比，强度和疲劳性能可提高2~3倍以上，冲击韧性提高2~4倍（与脆性塑料比），蠕变抗力提高2~5倍，达到或超过了某些金属的强度。例如，40%玻璃纤维增强尼龙的强度超过了铝合金而接近于镁合金的强度。因此，可以用来取代这些金属。

2. 热固性玻璃钢

热固性玻璃钢是以玻璃纤维为增强剂和以热固性树脂为粘结剂制成的复合材料。常用的树脂有酚醛树脂、环氧树脂、不饱和聚酯和有机硅树脂等。热固性玻璃钢有很高的机械强度，质轻，比一般钢铁轻3/4，比铝轻1/2。

热固性玻璃钢主要有以下特点：

1）有高的比强度。

2）具有良好的电绝缘性和绝热性。

3）对腐蚀性化学介质有良好的稳定性。

4）根据需要可制成半透明或特别的保护色和辨别色。

5）能承受超高温的短时作用。

6）方便制成任意曲面形状、不同厚度和非常复杂的形状。

7）具有防磁、透过微波等特殊性能。

常见热固性玻璃钢的性能特点比较见表6-1。

表6-1　几种玻璃钢性能特点比较

玻璃钢类型	性能特点
酚醛树脂玻璃钢	耐热性高，可在150～200℃温度下长期工作，价格低廉，工艺性较差，需在高温高压下成形，收缩率大，吸水性大，固化后较脆
环氧树脂玻璃钢	机械强度高，收缩率小（<2%），尺寸稳定性和耐久性好，可在常温常压下固化，成本高，某些固化剂毒性大
不饱和聚酯玻璃钢	工艺性好，可在常温常压下固化成形，对各种成形方法具有较广的适应性，能制造大型异形构件，可机械化连续生产。但耐热性较差（<90℃），机械强度不如环氧玻璃钢，固化时体积收缩率大，成形时气味和毒性较大
有机硅树脂玻璃钢	耐热性高，长期使用温度可达200～250℃，具有优异的憎水性，耐电弧性好，防潮绝缘性好，与玻璃纤维的粘结力差，固化后机械强度不太高

玻璃纤维增强塑料质轻，坚硬，比强度高，耐腐蚀性、绝热性和电绝缘性良好，可采用手糊成形、喷涂成形、缠绕成形、模压成形等方法加工成形。玻璃纤维增强塑料多用作结构材料、电绝缘材料及装饰材料，用于制作化工设备、汽车车身、船体等大型结构件，广泛用于化工、机械、建筑、运输等方面（图6-3）。但玻璃钢的不足之处也较明显，主要是弹性模量和比模量低，只有结构钢的1/5～1/10，刚性较差。由于受有机树脂耐热性的限制，目前一般还只在300℃以下使用。

图6-3　玻璃钢冷却塔

（二）碳纤维复合材料

碳纤维复合材料是20世纪60年代迅速发展起来的。碳纤维是一种强度比钢大、密度比铝还小的新颖材料，与玻璃纤维相比，碳纤维具有高强度、高模量的特点。碳纤维是比较理想的增强材料，可用来增强塑料、金属和陶瓷。

各种有机纤维（包括人造纤维和天然纤维）在隔绝空气的条件下，经高温碳化，都可制成碳纤维或石墨纤维。在2000℃以下烧成的称为碳纤维。近来有用石油沥青拉丝作原料，再经碳化处理，制得的碳纤维具有较好的力学性能。

1. 碳纤维树脂复合材料

碳纤维树脂复合材料中的基体树脂主要采用环氧树脂、酚醛树脂和聚四氟乙烯。这类复合材料的密度比铝轻，比强度、比模量比钢大，疲劳强度高，冲击韧性好，同时耐水和湿气，化学稳定性高，摩擦系数小，导热性好，受X线辐射时强度和模量不变化等。碳纤维与环氧、酚醛、聚酯等热固性塑料制成的高强度复合材料可用于宇宙航空方面的零部件，如发动机的转子叶片与静叶片、压气机叶片及飞机机身。碳纤维与尼龙、聚甲醛、聚酰亚胺等热塑性塑料复合，可以提高塑料的机械强度，改善抗蠕变、耐磨及减摩性能。它适用于高温、高速、自润滑耐磨零部件，如轴承、涡轮和齿轮等。这类材料的主要问题是，碳纤维与树脂的粘结力不够大，各项异性强度较高，耐高温性能差。

2. 碳纤维金属复合材料

碳不易被金属润湿，在高温下容易生成金属碳化物，所以这种材料的制作比较困难。现在主要用于熔点较低的金属或合金。在碳纤维表面镀金属，制成了碳纤维铝锡复合材料。这种材料直到接近于金属熔点时，仍有很好的强度和弹性模量，是一种减摩性能比铝锡合金更优越、强度很高的高级轴承材料。

3. 碳纤维陶瓷复合材料

我国研制了一种碳纤维石英玻璃复合材料。同石英玻璃相比，它的抗弯强度提高了约12倍，冲击韧性提高了约40倍，热稳定性也非常好，它克服了玻璃最大的缺点——脆性，从而变成了比某些金属还坚固的不碎玻璃，是一种有前途的新型陶瓷材料。如果在普通玻璃中混以60%的碳纤维细粉，强度也要提高许多倍。

（三）其他纤维复合材料

1. 硼纤维复合材料

硼纤维也是近年来研究发展的一种新的增强材料。硼纤维的特点是抗拉强度高，耐高温，在无氧化气氛条件下能耐1000℃以上的高温。因它密度大，与碳纤维相比，它的比强度与比模量都差些。又因它直径较粗，弯曲半径小，伸长率也不好，再加上成本高，所以目前仅少量被军事工业采用。

硼纤维是由硼气相沉积在钨丝上来制取的。硼纤维的抗拉强度与玻璃纤维差不多，但弹性模量为玻璃纤维的5倍。

基体主要为环氧树脂、聚苯丙咪唑和聚酰亚胺树脂的硼纤维树脂复合材料的特点是，抗压强度（为碳纤维树脂复合材料的2～2.5倍）和抗剪强度很高，蠕变小，硬度和弹性模量高，有很高的疲劳强度，耐辐射，对水、有机溶剂和燃料、润滑剂都很稳定。由于硼纤维是半导体，所以它的复合材料的导电性和导热性很好。硼纤维树脂材料主要应用于航空和宇航工业，制造翼面、仪表、转子、压气机叶片、直升飞机螺旋桨叶和传动轴等。

2. 晶须增强复合材料

近年来用晶须代替纤维组成的复合材料发展很快。晶须也叫纤维状晶体，是一种单晶纤维，是一类新型的高强度增强材料，它是金属或陶瓷自由长大的针状单晶体，直径极小，在30μm以下，长度约几毫米。由于它不存在晶体缺陷，它的强度极高，可接近于原子结合力的理论强度。目前，已有小批量生产的氧化铝、氮化铝和氮化硅几种晶须。由于成本高，它多用于尖端工程。有时也用晶须作为玻璃钢制品的辅助增强材料。在应力特别高的部位上撒上晶须，可使该部位局部增强。也可将晶须混入树脂中用作增强材料。

3. 石棉增强材料

石棉是一种矿物纤维，它具有耐酸、耐热、保温及不导电等特性。常见的石棉有温石棉（蛇纹石石棉）及青石棉（斜方角闪石石棉）。温石棉的特点是纤维较长，较柔软，可以纺织。缺点是它所含的结晶水较多，遇热不够稳定，容易被浓酸腐蚀。青石棉质较硬，机械强度较差，但耐酸性较好。

石棉可以制成布、带、绳和纸。改性的酚醛树脂和石棉布，可以压制成刹车片。这种制动片柔软、耐冲击，在冲击载荷下不致断裂。另外，用石棉布浸渍酚醛树脂压制成的层压板具有较高的力学性能，可以做成承受较大载荷的摩擦零件，如离合器片。

二、层合复合材料

层合复合材料是由两层或两层以上不同材料结合而成的，其目的是为了将组分层的最佳性能组合起来以得到更为有用的造型材料。用层合法增强复合材料可使强度、刚度、耐磨、耐腐蚀、绝热、减轻自重等若干性能分别得到改善。下面介绍常用于产品设计中的层合复合材料。

（一）层压金属复合材料

层压金属复合材料是由两层或多层不同金属组成的复合材料。工业造型用的金属层压板可以用不同方法制造，其中最普遍的方法是胶合或者熔合、热压、焊接、喷涂等。最简单的层压金属复合材料是双层金属复合材料，不锈钢-普通钢复合材料、合金钢-普通钢复合材料亦是典型的双层金属复合材料。

（二）塑料金属多层复合材料

由塑料和金属层合而成的多层复合材料，常见的有铝覆塑板、钢覆塑板复合材料和多层金属复合材料。例如，用于生产中的SF型的三层复合材料是以钢板为基体，烧结铜球为中间层，用聚四氟乙烯或聚甲醛塑料为表层的一种自润滑材料。它的物理、力学性能取决于基体，摩擦磨损性能取决于塑料。钢与塑料之间通过多孔性青铜为媒介，所获得的粘结力一般可大于喷涂层和粘贴层，一旦塑料磨损，露出青铜，也不致严重磨伤配件表面。这种材料大量用作装饰材料或作产品的壳体等，在冷冻机、冰箱、洗衣机、仪表等产品上得到广泛应用。

图6-4　夹层结构复合材料

（三）夹层结构复合材料

夹层结构复合材料是由两层薄而强的面板（或称蒙皮）中间夹着一层轻而弱的芯材组成（图6-4）。一般面板是由抗拉、抗压强度高、弹性模量大的材料组成，如金属、玻璃钢、增强塑料等。芯材的结构类型有两大类，一类是实心的，另一类是蜂窝格子。芯材根据要求的性能而异，常用泡沫塑料或木屑、石棉等。蜂窝格子常用金属箔、玻璃钢等。面板和芯材的连接方法一般用胶粘剂胶结，金属材料可焊接。夹层结构复合材料的特点主要有：密度小，减轻了产品的结构重量；具有较高的刚度和抗压稳定性；可以根据需要选择面板和芯材的材料，以得到所需的性能和质感。

夹层结构复合材料已广泛用于飞机上的天线罩隔板、机翼以及火车车厢、运输容器等方面的制造。

第三节　复合材料的成型加工

一般材料的产品化过程，分为原材料加工和由材料加工形成产品两个基本过程。然而复合材料的产品化过程则不同，它的这两个基本过程是同时实现的，所以复合材料的设计就是产品的设计，并且不同的产品即使采用相同的复合材料也有不同的成型方法与条件。

这里主要介绍纤维-树脂复合材料的成型方法。

纤维与树脂复合材料的成型方法是以纤维形态不同而异。

短纤维增强塑料制品一般都可用普通的塑料成型加工方法制造，但必须根据纤维的长度、分散度和制品性能要求等方面来合理地选择成型方法。通常，纤维增强复合材料均系一次成型，所制成的产品无需再进行机械加工。但实际使用中，由于装配等原因，机械加工仍是难免的。纤维增强塑料复合材料可以车、铣、刨、磨、钻、镗、锯、锉等切削加工，只是加工时要求切削刃锋利、切削速度快、进给慢。特别是最终进给时要小心避免撕裂纤维，还要注意散热。为防止发热过大，可采用吹风或冷却剂，或者多次提起钻头完成断续钻孔。

长纤维或纤维制品与树脂组成的复合材料有以下几种成型方法。

1. 手糊成型

增强塑料成型方法之一，以手工作业为主。在涂有脱模剂的模具上均匀地刷一层树脂，再将按要求剪裁成一定形状的片状增强材料（如纤维增强织物），铺贴到模具上，然后再涂刷树脂，再铺贴增强材料，如此重复直至达到所需厚度和预定形状，然后加热固化，脱模即得制品（见图6-5）。

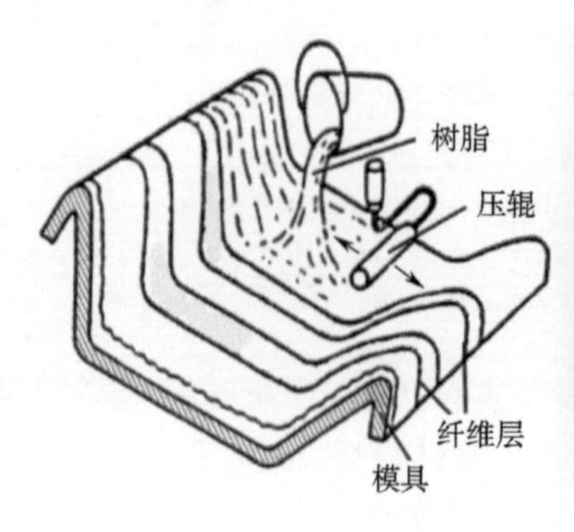

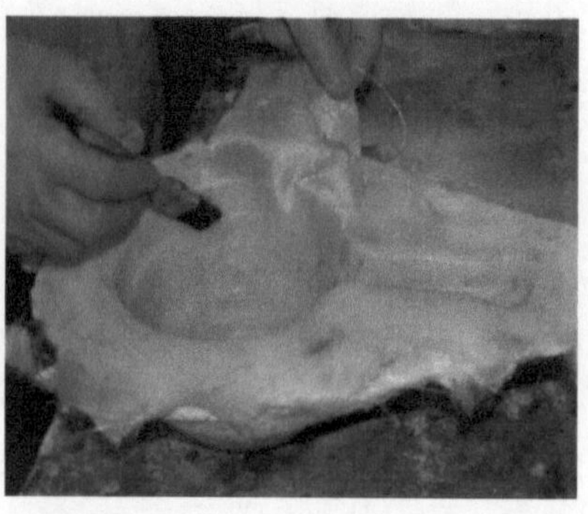

图6-5　手糊成型示意图

手糊成型时要求铺贴平整，无皱折，涂刷树脂要均匀浸透织物层并排出气泡。手糊成型工艺简单、操作方便，不需专用设备，适用性强，不受形状和尺寸限制。但制品精度低，质量不够稳定，操作技术性强，成型技术对产品质量影响很大，劳动条件差、效率低。这种成型方法多用来制作大型物品，如汽车壳体、飞机雷达罩、机尾罩、船艇、大型雕塑等。也是制作玻璃钢模型的主要方法。因此，手糊法在产品设计中只广泛用于小批量整体造型件或大型制件。

2. 纤维缠绕成型

纤维缠绕成型是增强塑料的成型方法之一。纤维缠绕成型是将经过浸渍树脂后的纤维和带，用手工或机械方法按一定规律连续缠绕于芯模（或内衬）上，然后固化成型，制成一定形状的制品（见图6-6）。纤维缠绕成型分为湿法缠绕和干法缠绕两种方式。湿法缠绕是纤维浸渍树脂后直接缠绕于芯模上；干法缠绕是纤维浸渍树脂后烘干，缠绕时再加热熔融树脂，使缠绕在芯模上的纤维彼此粘着。纤维缠绕成型方法的特点是：易于机械化，能通过计算机程序控制，生产率高，制品强度高，质量稳定。但设备费用高，对制品形状局限性较大，适合于制作球形、圆筒形和回转壳体等零件。

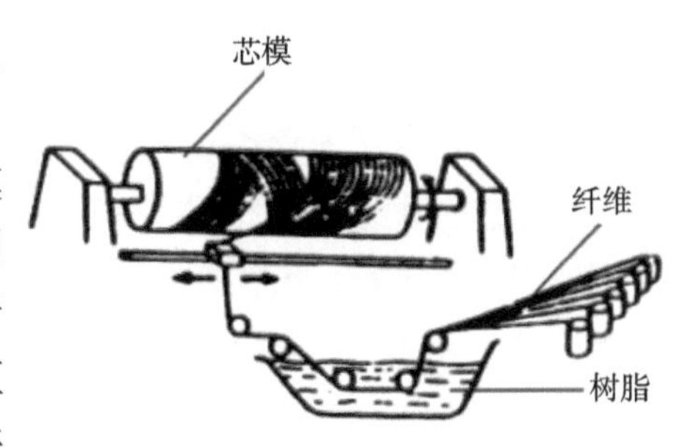

图6-6　缠绕成型示意图

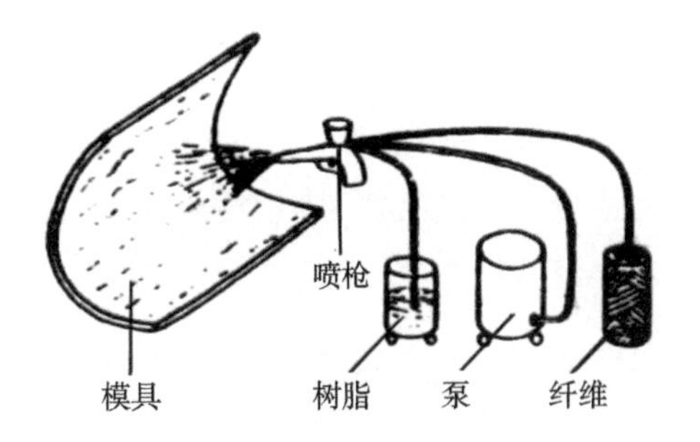

图6-7　喷射成型

3. 模压成型

模压成型是借助于压力机采用很高压力，将涂覆好的纤维或纤维制品压制成所需要的形状，然后固化成型。模压成型制品质量可靠、均匀，制品两面平整，生产效率高。可成型复杂的制品，生产效率较手糊法、喷射法高。但设备费用高，立面较深的制品需要大吨位压机。它特别适用于大量生产的中小型玻璃钢制品。

4. 喷射成型

喷射成型是增强塑料的成型方法之一。它是利用压缩空气将树脂、硬化剂（或因发剂）和切短的纤维同时喷射到模具表面，达到一定厚度后固化成型（见图6-7）。经过辊压、排除气泡等，再在其表面喷涂一层树脂经固化而成玻璃钢制品。喷射法成型的特点是效率高、制品无接缝、制品整体性好、适应性强等，制品形状、尺寸不受限制。它适合于异形制品的成型，但此法存在劳动条件差，要求操作人员技术高，树脂、硬化剂和纤维的比例要求严格，操作环境污染大等缺点。它多用于制造大型制件，也可用于泡沫塑料的成型，通常是将快速反应的树脂（如聚氨酯）和助剂喷射到模具或基体表面上，然后发泡、固化而成型。

5. 其他成型方法

其他成型方法还有连续成型、离心成型、树脂注射成型、回转成型、裱衬成型等。

第四节　复合材料在设计中的应用

复合材料在设计中的应用越来越广泛，下面简单介绍它在产品中的应用。

［**设计实例**］

1. 潘顿椅（见图6-8）

丹麦设计师威勒·潘顿（Verner Panton）设计的潘顿椅，是第一把用玻璃纤维增强塑料一次性模压成型的S形单体悬臂椅。椅子的造型直接反映了生产工艺和结构的特点，具有强烈的雕塑感，且色彩也十分艳丽，突破了原有木制椅子的造型特征，独特的造型充分体现了塑料材料的性能特征和工艺特性，是现代材料、现代生产方式与造型的有机结合，成为现代家具史上革命性的突破。

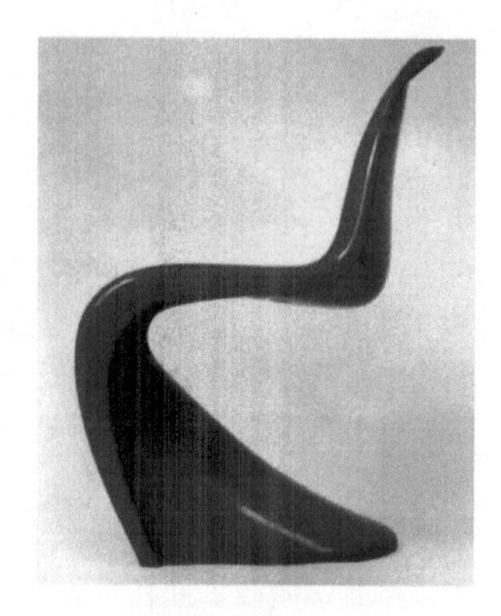

图6-8　潘顿椅

2. "E. T. A. 外太空天使"落地灯（见图6-9）

由意大利设计师古利文尔莫·伯奇西（Guglielmo Berchicci）设计的该落地灯外形细长、高挑、迷人，可制成各种外观色彩。落地灯有两对称部分装饰而成，灯体部分采用聚酰胺树脂和玻璃纤维制作，表面涂饰两层保护性的烘干漆，对灯体做特殊的无毒处理。

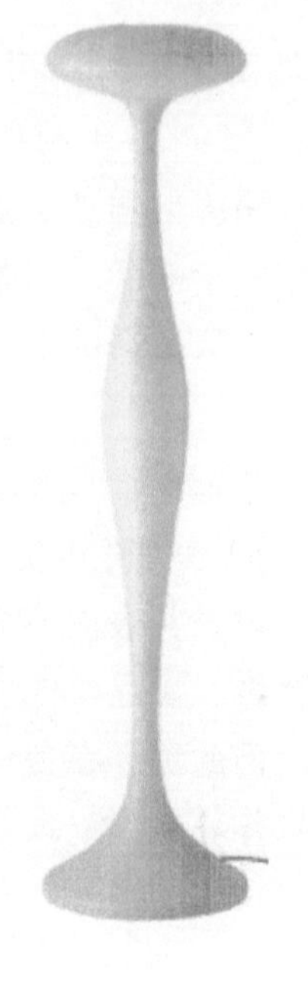

图6-9　"E. T. A. 外太空天使"落地灯

3. 玻璃钢椅（见图 6-10）

1949 年设计的玻璃钢椅，由玻璃纤维增强塑料压制而成型，该椅子造型在当时也是应用新型塑料品种，对塑料材料进行改进并应用于产品设计的典型例证。在家具设计领域具有较大的影响。

4. Random 吊灯（见图 6-11）

由 Moooi 公司于 2006 年推出。20 世纪 70 年代麻绳和胶粘的工艺如今被创造性地运用在灯饰设计上，让这一古老的技术重新焕发了活力。Random 灯饰采用高科技的玻璃纤维和环氧树脂材料，纤薄的膜层会随机成卷，球的半径分为大中小三个尺寸。同样的脉络繁杂的肌理，在黑色的衬托下更加清晰，在灯光的映射下更显魅惑。

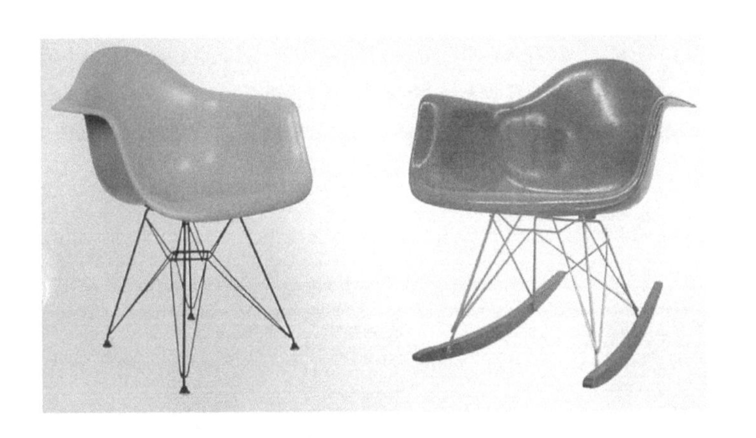

图 6-10 玻璃钢椅子

图 6-11 Random 吊灯

5. “Sirius Mushroom” 吊灯（见图 6-12）

该吊灯由英国设计师拉塞尔 · D · 贝克设计制作。吊灯灯体采用玻璃纤维和树脂制作，灯体经钻孔加工后可嵌入带颜色的橡胶球，达到装饰作用。

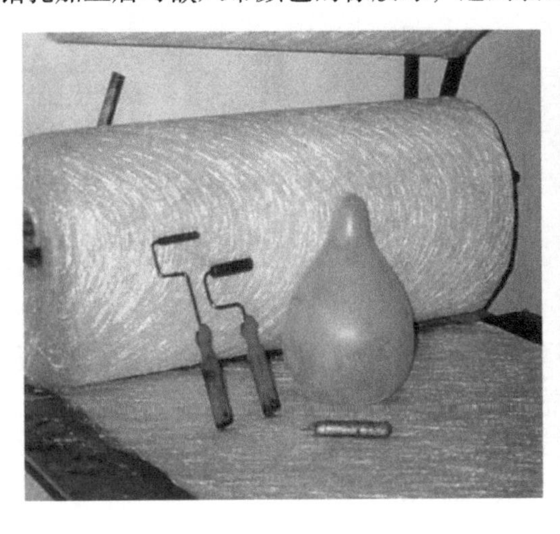

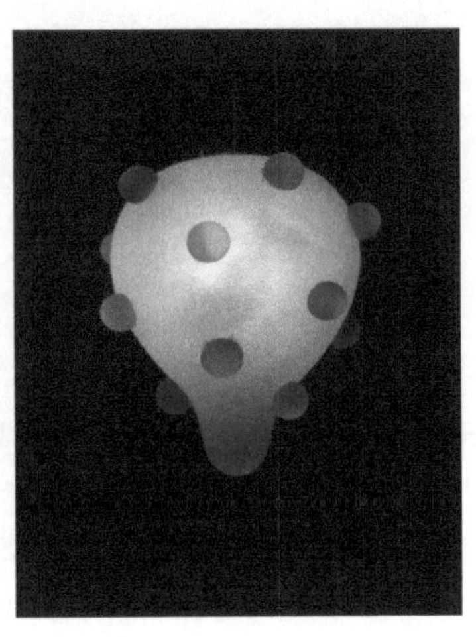

图 6-12 “Sirius Mushroom” 吊灯

6. “绳结”躺椅（见图6-13）

由荷兰设计师马修·温达斯（Marcel Wanders）设计。躺椅采用特制粗绳依据传统编结工艺编织打结，并经特殊处理而成。这种粗绳由碳化纤维和芳香尼龙纤维组成，粗绳在经特殊处理前与普通粗绳一样，但经环氧树脂处理后，粗绳在高温下晾干后变得又坚固又结实。利用粗绳这一特性，在经特殊处理前用芳香尼龙和碳纤维制成绳子按设计构思打结编织出了椅子，编结后的形态柔软松沓，不具有实用功能。经环氧处理后按设计的形式将它悬挂在一个框架中，使之具有椅子的形状，而没有必要使用模具。高温下晾干变硬后就具有椅子的实用功能。这个轻型椅子是手工制品和工业技术的混合体。

7. “轻轻型”扶手椅（见图6-14）

由意大利设计师阿尔贝托·梅达（Alberto Meda）设计，这张椅子成为碳纤维材料应用的完美案例。碳纤维的应用，使椅子的结构和功能得到完美的结合且椅子的重量只有1公斤，具有高强度比，同时也拥有精致的形状。椅座和椅背部分的芯材采用蜂窝式的聚酰胺塑料，在其面上覆贴碳纤维，两者热熔为一体。碳纤维使用前已浸透环氧树脂。椅腿由碳纤维和树脂复合制成。这款扶手椅体现了设计师不断追求新颖独特的设计风格以及对新材料运用和技术创新的精神。

图6-13　“绳结”躺椅

图6-14　“轻轻型”扶手椅

8. “苍鹭”台灯（见图6-15）

由日本设计师Isao Hosoe设计。灯体造型多少像抽象的“苍鹭”。灯体底座和灯臂采用经玻璃纤维增强的尼龙塑料制成，底座底部装有用聚碳酸酯塑料制成的小轮子，轮子上涂有硅橡胶，使灯具能在平面上平滑移动，反光灯罩采用高抛光铝材和耐热防护玻璃，当高度改变时，反光罩与工作台面始终保持水平状态。

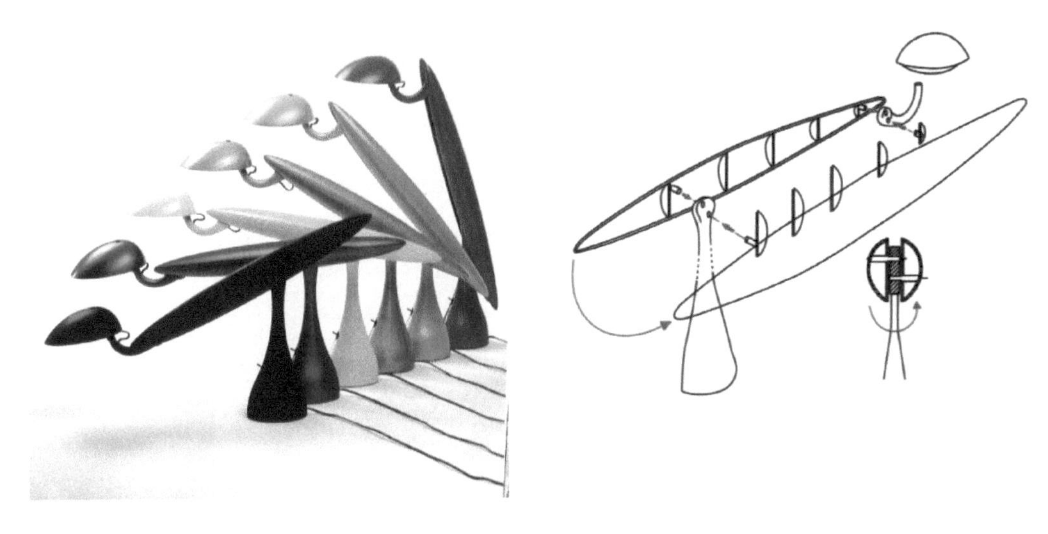

图 6-15　“苍鹭”台灯

思考题

6-1　什么是复合材料？它有哪些种类？其性能特点是什么？

6-2　增强材料在复合材料的作用是什么？常用的增强材料有哪些？

6-3　简述玻璃钢、碳纤维增强塑料的性能特点及应用。

6-4　试述纤维增强复合材料的成型方法。

6-5　搜集复合材料的应用与发展相关资料，探讨复合材料对未来设计的影响。

第七章
设计材料的选择与发展

学习目的：熟悉材料合理选用的基本原则。了解当今时代的新信息，能动的运用新材料和新技术，使材料具有开发新产品和新功能的可行性，从而挑选出符合设计要求的材料，使材料工艺更好地为设计服务。

第一节　设计过程中材料的选择

设计是一种复杂的行为，它涉及设计者感性与理性的判断。与设计的其他方面相比，材料的选择是最基本的，它提供了设计的起点。材料选择的适当与否，对产品内在和外观质量影响很大。如果材料选择不当或考虑不周，不仅影响产品的使用功能，还会有损于产品的整体美感。因此，设计师在选择材料时，除必须考虑材料的固有特性外，还必须着眼于材料与人、环境的有机联系。

设计材料的种类多，量大面广。每一种材料都有自身的特点和特质，作为一个设计师应该尽量发掘材料本身的特点，发挥它的特长，才能真正创造出好的产品。工业设计师在选择材料时，首先应当遵循科学的原则，了解材料的基本属性、加工方法。材料是设计师创造产品的物质基础，材质在产品上的运用被设计师赋予一定的意义。产品不只是实用功能的载体，其精神和文化上的象征功能也非常重要。根据产品的造型特点、定位层次、风格特征，来选择合适的材料，通过不同材质透出的感觉特性，按照一定的美学原则，有机地和整个产品结合起来。

产品设计中材料的选择，其目的是使材料所具有的特性与产品所需性能充分匹配。材料选择的主要方式有两种：其一是从产品的功能、用途出发，思考如何选择或研制相应的材料；其二是从原材料出发，思考如何发挥材料的特性，开拓产品的新功能，甚至创造全新的产品。不论是哪一种方式，其根本之所在是使原材料的特性与产品所需性能取得更好地匹配（见图 7-1）。

在第一种方式中，所思考的问题是：①当已有合适的材料可供选择时，以现有的材料为前提，为实现产品所需要的功能而选择最适合的材料。应充分展开对产品所需性能与原材料所具有特性的比较与评价，从性能、成本等多方面深入探讨对材料及其应用方法的选择；②当没有合适的现成材料可供选择时，则应根据设计要求进行材料性能特征设计，从而研制能高度满足产品性能要求的新材料；③研制与开发产品化过程中的应用技术，在要求产品具有高度性能的现代设计中，从材料直接变成产品的情况极少。造型所要求的形

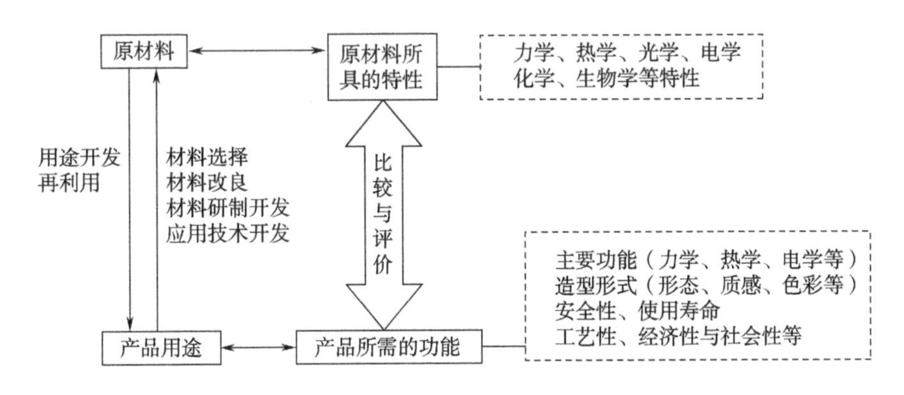

图 7-1　材料选择方式

状、外观所要求的材质感和表面性状（色彩、光泽、肌理等），都需通过应用技术来实现。应用技术是加工技术、成形技术、表面装饰技术等的产品化技术。从现在起有必要再加上废弃技术和再资源化技术。

第二种思考方式却与第一种刚好相反。近年来随着各种新技术的开发，适用各种技术的新材料也相应得到开发，从而诞生了各种新的原材料，这些新的原材料不仅等待着新用途的开发，而且还为新造型的出现打下了重要的基础。另一方面，与新材料用途开发一样，是以再利用、再资源化而引人注目的废弃物的用途开发。

在设计中如何正确、合理地选用材料是一个实际而又重要的问题。设计材料的选择应遵循以下原则：

（1）材料的固有特性　材料的固有特性应满足产品功能、使用环境、作业条件和环境保护的需要。

无论怎样的产品，都必须首先考虑产品应具有怎样的功能和所期望的使用寿命，这样的考虑必定会在选用何种材料更合适方面做出总的指导。例如，操纵键盘的材料应具有恰当的接触摩擦性和冲击回弹性，以保证可靠操作和手感舒适；用作控制面板的材料应选择反射率较低并易于在其表面形成图样符号或易于贴附图样符号的材料制作，以减少眩光和便于指示控制动作；医院中与病人接触的某些电疗设备，其表面应选择绝缘且抗静电的材料。

（2）材料的工艺性　材料成形工艺的选择原则是高效、优质、低成本，即应在规定的周期内，经济地生产出符合技术要求的产品，其核心是产品品质。材料应具有良好的工艺性能，符合造型设计中成形工艺、加工工艺和表面处理的要求，应与加工设备及生产技术相适应。

一般而言，当产品的材料选定以后，其成形工艺的类型就已大致确定了。例如，产品为铸铁件，应选铸造成型；产品为薄板成形件，应选冲压成形；产品为 ABS 塑料件，应选注塑成型；产品为陶瓷材料件，应选相应的陶瓷成型工艺；在选择成形工艺中还必须考虑产品的生产批量、产品的形状复杂程度及尺寸精度要求、现有生产条件以及充分考虑利用新工艺、新技术和新材料的可能性。

除此之外，为了合理选用成形工艺，还必须对各类成形工艺的特点、适用范围以及涉及成形工艺成本与产品品质的因素有比较清楚的了解。

（3）材料的外观　产品的外观在一定程度上受其可见表面的影响，并受材料所能允许的制造结构形式的影响。因此，外观也是材料选择应考虑的一个重要因素。就产品的表面效果来看，材料还影响着表面的自然光泽、反射率与纹理，影响着所能采用的表面装饰材料和方式，影响着装饰的外观效果和在使用期限内的恶化程度与速度。

（4）材料的生产成本及环境因素　材料的生产—使用—废弃的过程，是一个将大量的资源从环境中提取，再将大量废弃物排回环境中去的恶性循环过程。在满足设计要求的基础上，尽量降低材料成本，优先选用资源丰富、价格低廉、有利于生态环境保护的材料。

（5）材料的创新　随着科学技术水平的发展，新材料、新技术的不断出现势在必然。当一种新的材料出现后，需要创新性使用，来创造出一种新的形态方式，赋予产品新的品质和内涵。新材料的出现为产品设计提供更广阔的前提，满足产品设计的要求。

第二节　新材料的发展

材料不仅是当前世界新技术革命的三大支柱（材料、信息、能源）之一，而且又与信息技术、生物技术一起构成了21世纪世界最重要和最具发展潜力的三大领域之一。因此，材料、特别是新材料，已经成为了“高科技术产业的先导和基础”，对人类社会的进步发挥着决定性作用，对设计的未来发展具有重要影响。

一、新材料

新材料是指那些新出现或正在发展之中的、具有传统材料无法比拟的全新的特殊材料，或比传统材料具有明显优异性能的新材料。

1. 新材料的性能要求

当今人类正面临一场新技术革命，需要愈来愈多的品种各异和性能独特的新材料，现代社会对开发研制新一代材料提出了如下的要求：

1）结构和功能相结合。要求材料不仅能作为结构材料使用，而且具有特殊的功能或多种功能。正在开发研制的梯度功能材料和仿生材料即是属于此。

2）智能化。要求材料本身具有感知、自我调节和反馈的能力，即具有敏感和驱动的双重功能。

3）减少污染。为了人类的健康和生存，要求材料在制作和废弃过程中对环境产生的污染尽可能少。

4）可再生性。材料可以多次反复利用。

5）节省能源。制造材料耗能尽可能少，同时又可利用新开发的能源。

6）长寿命。要求材料能长期保持其基本性能，稳定可靠，用来制造材料的设备和元器件能少维修或不维修。

以上是对新一代材料开发、研制时的总体要求。这是从最佳状态来考虑的，实际上很难同时满足。一般总是从尽可能多地满足这些要求出发，采用这种方案来实施。

2. 新材料的应用特征

随着人类文明的进步，面对人类需求在质和量方面的不断增长，对材料品种和性能的要求越来越高，材料科学与工程领域发生着日新月异的变化，主要特征体现在：

1）新构思、新观念不断涌现，成为此领域迅速发展的强大推力。

2）营造特殊环境，利用极端手段，制备特殊材料，获取特殊性能。

3）强烈依赖其他高新技术，材料领域成为其他高新技术综合应用的实验地。

4）经济实力成为制约材料领域发展速度、深度和广度的关键因素。

二、新材料对产品设计的影响和作用

现代设计与材料的关系是互相刺激、互相促进的。时代的变迁，意识的变化，会带来人们对材料需求的变化，从而促进设计材料的改进和开发。从现代设计的概念变化与新材料开发的关系来看，当人们物质生活还不丰富时，设计更多的追求功能性和机械性，而当人们的物质生活达到一定水平时，设计随之将其侧重点偏向于造型感觉等方面。

材料是设计师创新设计的重要着眼点之一，设计师通过尝试采用新材料对传统命题进行革新，或借鉴甚至试验新的成形技术、表面加工技术对传统材料的成形性、表面肌理等进行大胆尝试，设计出大量的极具创新性的作品。但能否将材料与功能有机的结合起来，将材料特性在使用中发挥得淋漓尽致，则有赖于对材料特性的全面、深刻地认识和掌握。然而，当今材料科学日新月异，材料从种类到加工技术都在以加速度发展，因此，与掌握有限的几种材料相比，学习如何全方位把握材料性能的方法及途径，培养应对层出不穷的新材料的能力就显得尤为重要。因此，设计师在设计过程中应将设计材料的范畴拓展到最大范围，突破传统，才能独树一帜，开拓创新。

材料是人类赖以生存和发展的物质基础，新材料是营造未来世界的基石。如果没有20世纪70年代制成的光导纤维，就不会有现代的光纤通信；如果没有制成高纯度大直径的硅单晶，就不会有高度发展的集成电路，也不会有今天如此先进的计算机和电子设备。展望新材料对产品造型设计的影响和作用，可归纳如下：

1）在产品进一步电子化、集成化和小型化的趋势下，新材料的使用有可能突破传统结构，甚至还可能引起一场材料与技术的革命，产生新的产品设计风格。因此，设计工作应与新材料开发建立一种互相融合的关系。

2）产品外观形象要具有未来性。新材料的使用，不仅对产品外观可以起到新颖美观独特的装饰作用，使设计本身变得更简洁、合理，更具时代感。

3）材料在与功能相适应的同时，还要有良好的触觉质感和更好的可操作性。通过新材料的使用，设计应最大限度地赋予产品新的魅力。

4）设计应进一步开发传统材料，使之在现代生活中具有新的意义。

三、新材料的开发方向

材料是设计的物质基础，现代社会的进步与新材料的发现和发展息息相关。

在工业化高度发展的今天，设计制造任何一件产品都离不开材料。由于现代器具的复杂性远远大于以往用树枝、石块制作的器具，所使用的材料也日趋复杂。由使用树枝、石块及简单的合金材料时代向新材料层出不穷的时代过渡的过程，实质上就是人类对材料认知的增长和扩大过程。

过去，由于材料种类的稀少，材料与制品的对应关系都是相对固定的，在设计中改变性质、重新组合使用材料、改变材料用途的可能性极小。因此，材料的开发成为现今材料科学的主要任务。当今在新技术的驱动下，运用具有新的组合方式、新的形态和新的性质的各种材料进行新制品的开发会产生令人振奋的效果。

一般认为，新材料的研究与开发主要包括四方面的内容：

1）新材料的发现或研制。

2）已知材料新功能、新性质的发现和应用。

3）已知材料功能、性质的改善。

4）新材料评价技术的开发。

可以看出，新材料的研究与开发主要围绕着材料本身的功能和性质这一主题。但是，一种新材料的出现是否对人类文明产生深刻影响，是否能满足人类生活的需求，仅仅考虑上述问题则不够，还必须考虑新材料的产业化、商品化，这样才能使人们享受到实惠，对人类文明产生促进作用。

目前，材料向两个方面发展，一是不断地发现新原料，探索制造新材料；二是利用现有材料，采用一系列技术处理（复合技术），把一些不同性能的材料组合起来，创造出性能优异的“复合材料”。

第三节　发展中的新材料

1. 电子信息材料

电子信息材料是指在微电子、光电子技术和新型元器件基础产品领域中所用的材料，主要包括单晶硅为代表的半导体微电子材料、继光晶体为代表的光电子材料、钕铁硼（NdFeB）永磁材料为代表的磁性材料、光纤通信材料、磁存储和光盘存储为主的数据存储材料、压电晶体与薄膜材料、储氢材料和锂离子嵌入材料为代表的绿色电池材料等。这些基础材料及其产品支撑着通信、计算机、信息家电与网络技术等现代信息产业的发展。

电子信息材料的总体发展趋势是向着大尺寸、高均匀性、高完整性以及薄膜化、多功能化和集成化方向发展。当前的研究热点和技术前沿包括柔性晶体管、光子晶体、SiC、GaN、ZnSe 等宽禁带半导体材料为代表的第三代半导体材料、有机显示材料以及各种纳米电子材料等。

2. 新能源材料

新能源和再生清洁能源技术是 21 世纪世界经济发展中最具有决定性影响的五个技术领域之一，新能源包括太阳能、生物质能、核能、风能、地热、海洋能等一次能源以及二次能源中的氢能等。新能源材料则是指实现新能源的转化和利用以及发展新能源技术中所要用到的关键材料。它主要包括储氢电极合金材料为代表的镍氢电池材料、嵌锂碳负极和 $LiCoO_2$ 正极为代表的锂离子电池材料、燃料电池材料、硅半导体材料为代表的太阳能电池材料以及铀为代表的反应堆核能材料等。

当前的研究热点和技术前沿包括高能储氢材料、聚合物电池材料、中温固体氧化物燃料电池电解质材料、多晶薄膜太阳能电池材料等。

3. 纳米材料

纳米是一个尺度单位（$1nm = 10^{-9}m$）。约为4倍原子大小。纳米材料是指在三维空间中至少有一维处于纳米尺度范围或由它们作为基本单元所构成的材料。纳米材料与纳米技术是一种基于全新概念而形成的材料和材料加工技术。

纳米材料的概念形成于20世纪80年代中期，由于纳米材料会表现出特异的光、电、磁、热、力学、机械等性能，纳米技术迅速渗透到材料的各个领域，成为当前世界科学研究的热点。

纳米材料是由纳米级原子团组成的，随着颗粒尺寸的量变，在一定条件下会引起颗粒性质的质变。当粒径减小到一定值时，材料的许多物性都与晶粒尺寸有敏感的依赖关系，表现出奇异的体积效应和表面效应（又称为小尺寸效应或量子尺寸效应）。由于颗粒尺寸变小所引起的独特的体积和表面效应，使它在宏观上显示出许多奇妙的特征。

（1）特殊的光学性质　当黄金被细分到小于光波波长的尺寸时，即失去了原有的富贵光泽而呈黑色。事实上，所有的金属在超微颗粒状态都呈现为黑色。尺寸越小，颜色愈黑，银白色的铂（白金）变成铂黑，金属铬变成铬黑。由此可见，金属超微颗粒对光的反射率很低，通常可低于1%，大约几微米的厚度就能完全消光。利用这个特性可以作为高效率的光热、光电等转换材料，可以高效率的将太阳能转变为热能、电能。此外，它又有可能应用于红外敏感元件、红外隐身技术等。

（2）特殊的热学性质　超细微化后却发现其熔点将显著降低，当颗粒小于10纳米量级时尤为显著。

（3）特殊的力学性质　陶瓷材料在通常情况下呈脆性，然而由纳米超微颗粒压制成的纳米陶瓷材料却具有良好的韧性。在室温下就可以发生塑性变形。因为纳米材料大量的界面为原子扩散提供了高密度的短程快扩散路径，原子在外力作用的条件下很容易迁移，因此表现出甚佳的韧性与一定的延展性，使陶瓷材料具有新奇的力学性质。正是由于这些快扩散过程，纳米材料形变过程中一些初发微裂纹得以迅速弥合，从而在一定程度上避免了脆性断裂。超微颗粒的小尺寸效应还表现在超导电性、介电性能、声学特性以及化学性能等方面。例如，当金属颗粒减小到纳米量级时，电导率已降得非常低，原来的良导体实际上已完全转变为绝缘体。

纳米材料以原子或分子为起点，可以设计出更强、更轻、可以自修复的结构材料，使碳和陶瓷材料的强度10倍于钢，高分子材料的强度可提高3倍。种种优异性能给纳米材料带来了广阔的应用前景，纳米材料的应用面不断扩大。少量纳米材料可以综合改善传统材料的性能，呈现常规材料不具备的特性，从而在生物、医学、工业、环境保护、军事等诸多方面具有广阔的应用前景。

图 7-2 所示的纳米复合彩釉瓦，与传统彩釉瓦相比具有以下特点：色彩鲜艳，永不褪色；防水性能好，不渗漏；防腐阻燃；不怕摔砸踩压；易加工，可钻可钉；环保，不浪费资源；成本低，成本价仅是彩钢瓦的 1/3；寿命长，使用寿命比彩钢瓦长一倍。

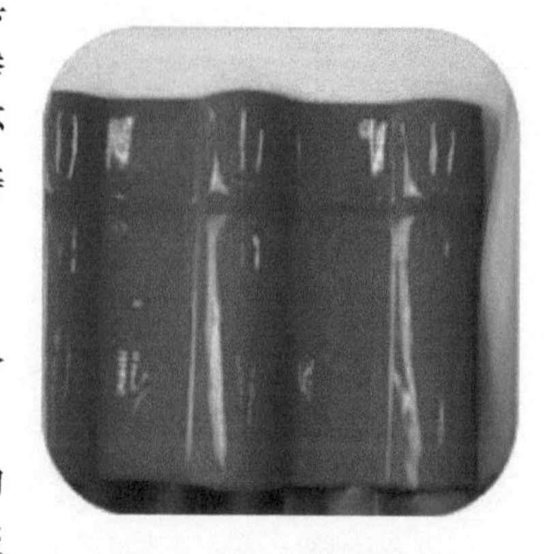
图 7-2　纳米复合彩釉瓦

4. 先进复合材料

复合材料按用途主要可分为结构复合材料和功能复合材料两大类。

（1）结构复合材料　结构复合材料主要作为承力结构使用的材料，由增强材料（如玻璃、陶瓷、碳素、高聚物、金属、天然纤维、织物、晶须、片材和颗粒等）与基体材料（如树脂、金属、陶瓷、玻璃、碳和水泥等）构成。结构材料通常按基体材料的不同分为聚合物基复合材料、金属基复合材料、陶瓷基复合材料、碳基复合材料和水泥基复合材料等。图 7-3 为铝蜂窝结构复合材料。

图 7-3　铝蜂窝结构复合材料

（2）功能复合材料　功能复合材料是指除力学性能以外还提供其他物理、化学、生物等性能的复合材料。它包括压电、导电、雷达、隐身、永磁、光致变色、吸声、阻燃、生物自吸收等种类繁多的复合材料，具有广阔的发展前途。

未来的功能复合材料比重将超过结构复合材料，成为复合材料发展的主流。

未来复合材料的研究方向主要集中在纳米复合材料、仿生复合材料和发展多功能、智能、自然复合材料等领域。

5. 生态环境材料

生态环境材料又称绿色材料，是指同时具有满意的使用性能和优良的环境协调性，或者是能够改善环境的材料。

生态环境材料是在人类认识到生态环境保护的重要战略意义和世界各国纷纷走可持续发展道路的背景下提出来的，是国内外材料科学与工程研究发展的必然趋势。生态环境材料的研究进展将有助于解决资源短缺、环境恶化等一系列问题，促进社会经济的可持续发展。

生态环境材料对资源和能源消耗少，对生态和环境污染小，再生利用率高或可降解和可循环利用，而且要求从材料制造、使用、废弃直至再生利用的整个寿命周期中，都必须具有与环境的协调共存性。因此，生态环境材料实质上是赋予传统结构材料、功能材料以特别优异的环境协调性的材料，以及直接具有净化和修复环境功能的材料。它是由材料工作者在环境意识指导下，或开发新型材料，或改进、改造传统材料所获得的。生态环境材料与量大面广的传统材料不可分离，通过对现有传统工艺流程的改进和创新，以实现材料生产、使用和回收的环境协调性，是生态环境材料的重要内容。同时，要大力提倡和积极支持开发新型的生态环境材料，取代那些资源和能源消耗高、污染严重的传统材料。还应该指出，从发展的观点看，生态环境材料是可持续发展的，应贯穿于人类开发、制造和使用材料的整个历史过程。

一般来说，生态环境材料应具有三个明显特征：

1）先进性：发挥材料的优异性能，为人类开拓更广阔的活动范围和环境。

2）环境协调性：减轻地球环境的负担，提高资源利用率，对枯竭性资源的完全循环利用，使人类的活动范围同外部环境尽可能协调。

3）舒适性：使人们乐于接受和使用，使人类生活环境更加繁荣、舒适。

生态环境材料研究热点和发展方向包括再生聚合物（塑料）的设计，材料环境协调性评价的理论体系，降低材料环境负荷的新工艺、新技术和新方法等。

生态环境材料主要包括以下几类：

（1）生物降解材料　在可持续发展的先进材料中，生物降解塑料一直是近几年的热门课题之一。由于白色垃圾的压力，加之传统塑料回收利用的成本较高，且再生塑料制品的性能往往不尽如人意，生物降解塑料及其制品日趋流行。目前，市场上主要有两类产品，一类是淀粉基热塑性塑料制品，另一类是脂肪族聚酯塑料制品。

（2）循环与再生材料　材料的再生利用是节约资源、实现可持续发展的一个重要途径，同时，也减少了污染物的排放，避免了末端处理的工序，增加了环境效益。废弃物再生利用在全世界已比较流行，特别是材料再生及循环利用的研究几乎覆盖了材料应用的各个方面。例如，各种废旧塑料、农用薄膜的再生利用，铝罐、铁罐、塑料瓶、玻璃瓶等旧包装材料的回收利用，冶金炉渣的综合利用，废旧电池材料、工业垃圾中金属的回收利用等，正在进行工业化规模的实施。图7-4所示的台灯，灯罩采用再生塑料制作，灯体采用废旧饮料罐制作。

图7-4　台灯

材料的循环制备和使用是国际上许多材料科学工作者潜心研究的一个热门领域，也是环境材料研究的一项重要内容。一般说来，可再生循环制备和使用的材料具有以下特征：①可多次重复循环使用；②废弃物可作为再生资源；③废弃物的处理消耗能量少；④废弃物的处理对环境不产生二次污染或对环境影响小。

（3）净化材料　人们把能分离、分解或吸收废气或废液的材料称为净化材料。

开发门类齐全的净化材料，改善地球的生态环境，是环境材料研究的一个重要方面。一般来说，净化材料可分为治理大气污染或水污染、处理固态废弃物等不同用途的几类材料。

（4）绿色建筑材料　世界上用量最多的材料是建筑材料，特别是墙体材料和水泥，我国用量为20亿吨/年以上，其原料来源于绿色土地，每年约有5亿平方米的土地遭到破坏。同时，工业废渣、建筑垃圾和生活垃圾的堆放也占用大量的绿色土地，造成了地球环境的恶化。另外，人类有一半以上的时间在建筑物中度过，人们更需要改变居住的小环境。为此，对建材的要求是：最大限度地利用废弃物，具有节能、净化、有利于健康的功能。这种有利于环境的建筑材料成为绿色建材。绿色建材有如下几类：

1）基本型：满足强度要求并对人体无害，这是对建材最基本的要求。

2）用废弃物型的建材：数量最多的废弃物是工业废渣、建筑垃圾和生活垃圾。利用这些废弃物制造各种建材。

3）节能型建材：节能型建材主要有四类，一是节能型墙体材料；二是太阳能电池和建材一体化的瓦片和外墙；三是光电化学电池玻璃窗；四是太阳能贮热住宅材料，利用化学反应储存太阳能，可同时利用相变潜热储热、化学储热等不同的方式，随气候和季节变化调节室内温度。

4）健康型材料：对人体健康有利的非接触性材料有远红外材料、磁性材料等。日本研究人员发明了一种由远红外陶瓷制成的内墙板，采用这种板材可提高空气和水的活性，使室内空气净化，具有清爽感（与高原环境类似）。

5）抗菌材料：利用紫外光激发下二氧化钛的光电化学作用，结合银离子或铜离子的抗菌效果可制成抗菌材料。

6. 智能材料

20世纪80年代中期人们提出了智能材料（Smart Materials 或者 Intelligent Material System）的概念：智能材料是模仿生命系统，能感知环境变化并能实时地改变自身的一种或多种性能参数，作出所期望的、能与变化后的环境相适应的复合材料或材料的复合。智能材料的设计、制造、加工和性能结构特征均涉及到材料学的最前沿领域，代表了材料科学的最活跃方面和最先进的发展方向。

智能材料模仿了生命系统的感知和驱动功能。智能材料要求材料体系集感知、驱动和信息处理于一体，具备自感知、自诊断、自适应、自修复等功能。智能材料来自于功能材料。从仿生学的观点出发，智能材料应具有或部分具有以下重要特征能：

（1）有传感功能　它能够感知外界或自身所处的环境条件，如负载、应力、应变、振动、热、光、电、磁、化学、核辐射等的强度及其变化。

（2）有反馈功能　它能通过传感神经网络，对系统的输入和输出信息进行比较，并将结果提供给控制系统，从而获得理想的功能。

（3）有信息积累和识别功能　它能积累信息，能识别和区分传感网络得到的各种信息，并进行分析和解释；

（4）有响应功能　它能够根据外界环境和内部条件变化，实时动态地作出相应的反应，并采取必要行动。

（5）有自修复功能　它能通过自繁殖、自生长、原位复合等再生机制，来修补某些局部损伤或破坏。

（6）有自诊断功能　它能通过分析比较系统目前的状况与过去的情况，对诸如系统故障与判断失误等问题进行自诊断并予以校正。

(7) 自调节能力　它对不断变化的外部环境和条件，能及时的自动调整自身结构和功能，并相应地改变自己的状态和行为，从而使材料系统始终以一种优化方式对外界变化作出恰如其分的响应。

记忆金属（对一定条件下的形状具有记忆功能）、电流变液（在一定电流强度下实现液固转变）、感光镜片（根据周围的强度变化调整明暗）都是智能材料。

图 7-5 所示的幼儿餐具，其把柄材料采用具有“形状记忆”功能的材料，能与各种手形自动吻合，可任意适合左右手，还可以根据不同人的手指、握力等任意改变其形状，以最佳形态适合不同手的把握。

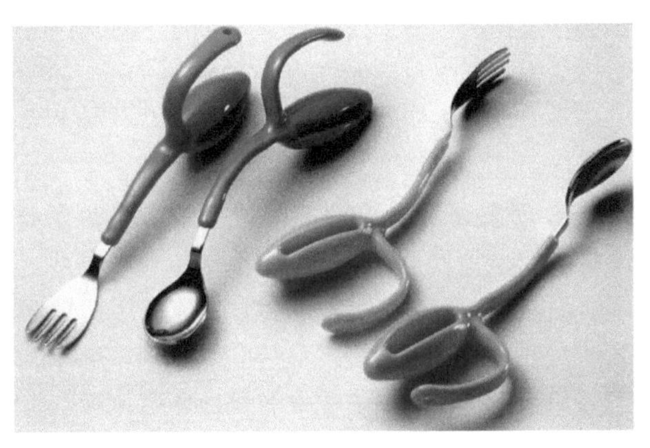

图 7-5　幼儿餐具

预计在 21 世纪智能材料将引导材料科学的发展方向，其应用和发展将使人类文明进入更高的阶段。

第四节　新材料成形技术——快速成形技术

快速成形是 20 世纪 80 年代末期开始出现的一种高新制造技术，在制造思想的实现方式上具有革命性的突破。快速成形技术的出现，创立了产品开发的新模式。

在产品开发过程中，产品的时效性已成为制造者保持竞争力的一个关键因素。快速成形技术提供了比传统成形方法更快捷的制造产品机会，实现了产品设计开发中从 CAD 到实体模型或零件的制造过程，不仅可以自动快速准确地将设计构思观念物化为具有一定结构和功能的实体，而且可以对产品设计进行快速评价、修改及功能实验，为产品投产提供快速、准确的实体评价信息，提高产品质量，缩短产品设计开发周期。

一、快速成形的原理及特点

快速成形（Rapid Prototype，简称 RP），又称快速制样或实体自由形式制造，是一种用材料逐层堆积出制件的制造方法，是集计算机辅助设计（CAD）、计算机辅助制造（CAM）、数字控制（CNC）、精密机械、激光技术和材料科学与工程等最新技术而发展起来的产品设计开发技术。

1. 快速成形原理

快速成形是一种离散/堆积成形的加工技术，其目标是将计算机三维 CAD 模型快速的转变为具体物质构成的三维实体模型。快速成形的基本过程是将计算机辅助设计的产品的立体数据（3D Model），经电脑分层离散处理后，把原来的三维数据变成二维平面数据，按特定的成形方法，通过逐点、逐面将成形材料一层层加工，并堆积成形。快速成形原理如图 7-6 所示。

CAD模型
Z向离散化（分层）
层面信息处理
层面加工与粘接
层层堆积
后处理
分解过程
组合过程
计算机中信息处理
成形机中堆积成形

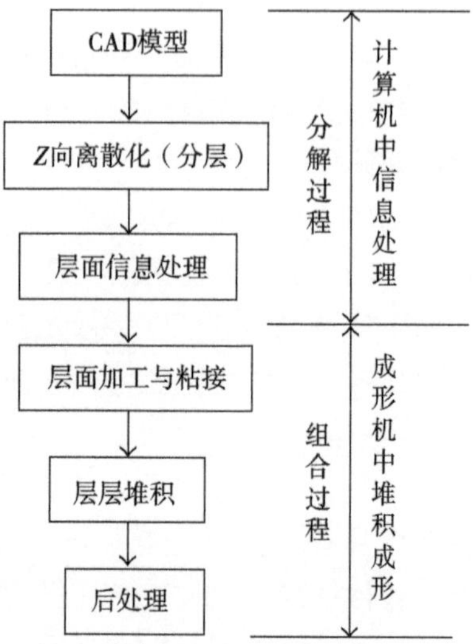

图 7-6　快速成形原理

2. 快速成形特点

快速成形技术是将一个实体的、复杂的三维加工离散成一系列层片的加工，大大降低了加工难度，开辟了不用任何刀具而迅速制作各类零件的途径，并为用常规方法不能或难以制造的模型或零件提供了一种新型的制造手段。其特点如下：

1）改变了传统模型的制造方式，体现了技术的高度集成和设计制造一体化。RP 是计算机技术、数控技术、激光技术与材料技术的综合集成，用 CAD 模型直接驱动实现设计与制造高度一体化，其直观性和易改性为产品的完美设计提供了优良的设计环境。

2）可以制造任意复杂形状的三维实体模型，充分体现设计细节，尺寸和形状精度大为提高，零件不需要进一步加工。

3）成形全过程的快速性适合现代激烈的产品市场。由于激光快速成形是建立在高度技术集成的基础之上，比传统的成形方法速度要快得多，这一特点尤其适合于新产品的开发与管理。

4）由于各种 RP 工艺的成形方式不同，因而材料的使用也各不相同，如金属、纸、塑料、光敏树脂、蜡、陶瓷、甚至纤维等材料在快速成形领域已有很好的应用。

以上特点决定了快速成形技术主要适合于新产品开发、快速单件及小批量零件制造、复杂形状零件的制造、模具与模型设计与制造，也适合于难加工材料的制造、外形设计检查、装配检验和快速反求工程等。

二、快速成形的基本方法

目前采用的快速成形方式可分为：

1. 光固化成形——SLA 成形工艺

快速成形方法之一，是目前 RP 领域中最普遍的制作方式。SLA（Stereo Lithography Apparatus）是立体平板印刷设备的英文缩写，它是一种液态光敏树脂聚合物选择性固化的成形机。其原理是利用激光光束使液态光敏树脂逐层固化形成三维实体。通过 CAD 设计出三维实体模型，利用离散程序将模型进行切片处理，将电脑软件分层处理后的资料，由激光光束通过数控装置的扫描器，按设计的扫描路径投射到液态光敏树脂表面，使表面特定区域内的一层树脂固化，生成零件的一个截面；每完成一层后，浸在树脂液中的平台会下降一层，固化层上覆盖另一层液态树脂，再进行第二层扫描，新固化的一层牢固地粘接在前一固化层上，如此重复直至最终形成三维实体原型（见图 7-7）。

用 SLA 工艺能直接制出中小塑件，也能制成中空立体树脂模来代替蜡模，然后进行浇注，即可获得尺寸精度高、表面粗糙度低的各种精密合金铸件，如波音 747 飞机的货舱门、复杂叶轮等。这种工艺最适合制造细、薄、精致的艺术件。

2. 选择性激光烧结成形——SLS 成形工艺

SLS（Selected Laser Sintering）成形工艺与 SLA 成形工艺的成形原理相似，只是将液态光敏树脂换成在激光照射下可烧结成形的各种固态烧结粉末（金属、陶瓷、树脂粉末等）。其基本过程是将 CAD 软件控制的激光束，投射到覆盖一层烧结粉末的工作面上，按照零件的截面信息对粉末层进行有选择的逐点扫描，受激光照射的粉末层熔化烧结，使粉末颗粒相互粘结而形成制件的实体部分。每完成一层烧结，工作平台下降一层，作业面上重新覆盖一层粉末，再进行另一层的烧结，如此反复进行，逐层形成立体的零件（见图 7-8）。

SLS 制件的原型可直接作为商品样件，供市场研究及设计分析，也可作为铸件的母模及各种模具。用 SLS 法可直接烧结陶瓷或金属与粘结剂的混合物，经后处理得到陶瓷或金属模具。

SLS 制件的精度、表面及外观品质比 SLA 制件的低。

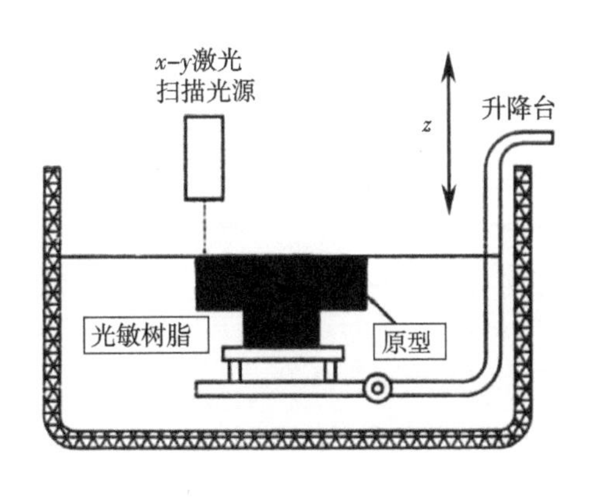

图 7-7　SLA 工艺过程

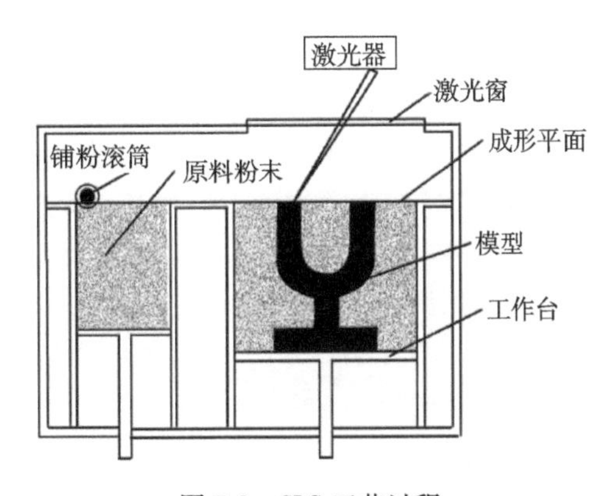

图 7-8　SLS 工艺过程

3. 熔积堆积成形——FDM 成形工艺

熔丝堆积成形（Fused Deposition Modelling，简称 FDM）使用丝状材料（石蜡、金属、塑料、低熔点合金丝）为原料，利用电加热方式将丝材在喷头中加热至略高于熔化温度，呈熔融状态。在计算机的控制下，喷头作 *X—Y* 平面的扫描运动，将熔融的材料从送料端口喷头射出，涂覆在工作台上，冷却后形成工件的一层截面；一层成形后，喷头上移一层高度，进行下一层涂覆，这样逐层堆积形成三维实体（见图 7-9）。

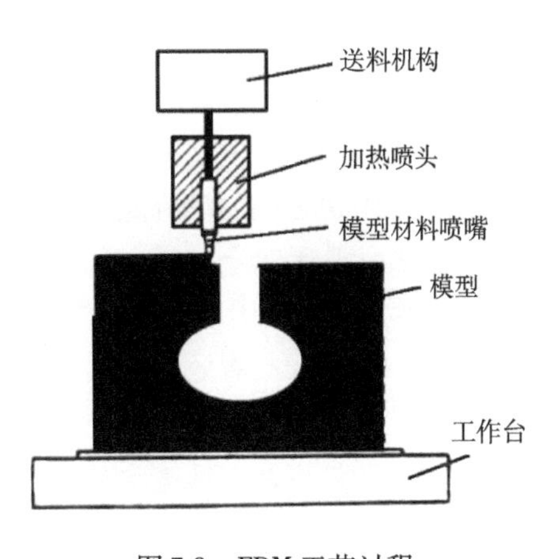

图 7-9　FDM 工艺过程

FDM 成形工艺适合成形中、小塑件。FDM 成形工艺的原材料的价格较高，其成形件的表面有明显的条纹，表面品质不如 SLA 塑件的好。

4. 分层实体成形—LOM 成形工艺

分层实体成形又称层叠成形法（Laminated Object Manufacturing，简称 LOM），是以薄片材（如纸片、塑料薄膜或复合材料）为原材料，通过薄片材进行层叠加与激光切割而形成模型。其成形原理为激光切割系统按照计算机提取的横截面轮廓数据，将背面涂有热熔胶的片材用激光切割出模型的内外轮廓；切割完一层后，工作台下降一层高度，在刚形成的层面上叠加新的一层片材，利用热粘压装置使之粘合在一起，然后再进行切割。这样一层层地粘合、切割，最终成为三维实体（见图 7-10）。

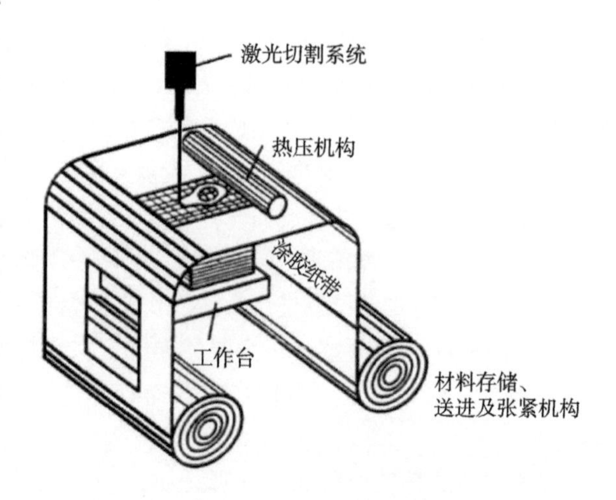

图 7-10　LOM 工艺过程

LOM 成形工艺最适合制造较大尺寸的快速成形件。成形件的力学性能较高。LOM 成形工艺的制模材料因涂有热熔胶和特殊添加剂，其成形件硬如胶木，有较好的力学性能，且有良好的机械加工性能，可方便地对成形件进行打磨、抛光、着色、涂饰等表面处理，获得表面十分光滑的成形件。成形件的精度高而且稳定。成形件的原材料（纸）价格比其他方法便宜，无须设计和制作支撑结构。

三、快速成形技术在设计工业领域的应用

快速成形（RP）技术在设计领域最重要的应用就是开发新产品。在新产品开发过程中，采用快速成形技术可以自动、快捷的将设计思想物化为具有一定结构和功能的原型产品。快速成形技术的用途主要包括以下几个方面：

1）多快好省地制造新产品的样品，对其形状及尺寸进行直观评估。

在新产品设计阶段，虽然可以借助图样和计算机模拟对产品进行评估，但这种评估方法不直观，特别是对形状复杂的产品，往往因很难想象其真实形貌而不能做出正确、及时的判断。采用快速成形机所成形的样品与最终产品相比，仅仅在材质上有所差别，而在形状及尺寸方面几乎完全相同，且有较好的强度，经表面处理后，看起来与真实产品一模一样。它可供设计者和用户进行直观检测、评判、优化，并可迅速反复修改，直到最大限度的满足用户的要求，有效地缩短了产品的研制周期。

2）对产品性能进行及时、准确的校验与分析。

快速成形件可在零件级水平上，作加工工艺性能、装配性能、有关工模具的校验与分析以及运动特性测试、风洞试验、有限元分析结果的实体表达等。

3）快捷、经济地制作各种工模具。传统的制作模具的方法是对木材或金属毛坯进行切削加工，既费时又费钱。近年来出现了一种快速成形技术——快速模具制造 RT（Rapid Tooling），可直接或间接制作模具，使模具的制造时间大大缩短、成本减低。

第五节　新材料技术的应用

随着科学技术的不断进步，新材料、新技术的不断开发，已有大批新材料、新技术产品进入了我们的生活。下面简单介绍几种。

［**设计实例**］

1. 电子产品（见图 7-11）

新材料和传统材料都可能创造出让人意想不到的新产品。人们不断地探索高科技材料，将许多以前的想象变为可能；同时，传统材料的巧妙运用也为产品增添了更多的人文气息。

高科技产品在不断发展，而对于自然回归的向往也越加强烈。这些产品包括用木料包装的移动存储设备和石质的音响底座，它们原装的塑料、金属外壳换成了正宗的洪都拉斯紫檀、银槭或者产自萨佩莱的优质木料，呈现出自然古朴的风格。使用这些东西，能让你一直和大自然保持亲密的联系。

图 7-11　电子产品

2. 欧米茄凳（见图 7-12）

欧米茄凳是经典长椅的现代版，采用用稻草杆编织的表面，铝板铸成的外形。表层材料的创新使它更像一张有魔力的地毯，可轻松复制出欧米茄的造型。根据需要，椅子可以转换成不同的形状。欧米茄凳子不断从人类的肢体语言中获取灵感，有趣地回应了人们就座的需要，并给人以轻巧时尚的感觉。

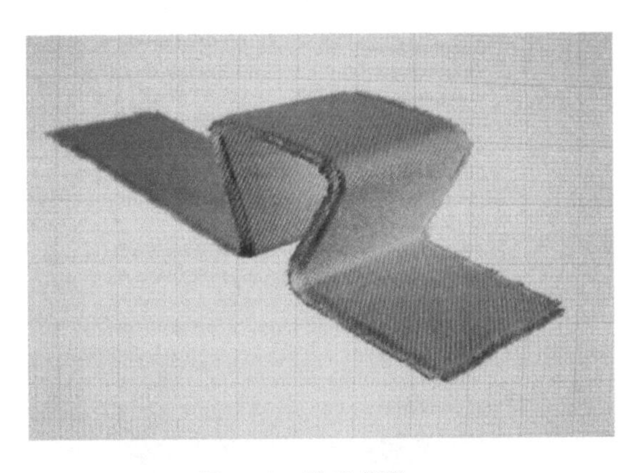

图 7-12　欧米茄凳

3. 变色龙汤匙（见图 7-13）

该汤匙以颜色的变化，显示使用状态，让使用者可简单掌握使用的对策。该汤匙是针对幼儿喂食中易产生烫伤的问题而开发设计的，汤匙舀食物处所用的材质具有适度的弹性，不易造成伤害。当所舀的食物温度超过 40℃，舀食物处则会变色以达到警示的效果，随温度的下降，颜色又会复原，可重复使用。此外，由于汤匙魔术般的色彩变化也达到了吸引幼儿注意力的娱乐效果。

4. 电子织物智能产品（见图 7-14）

随着科技的发展，一种新型的智能电子织物被研发成功。电子织物是一种三维技术的织物材料，这种材料由两个机械针织或编织的表面组成，同时这两个表面用间隔的细丝相互连接。这种织物以尼龙和聚酯纤维包裹碳和金属，可让电流流通。织物直接与小型电路板、晶片及电池相连接。使用者可以用手指触碰纤维，产生的电流信号由晶片辨认，再送往输出终端。由于布料纤维具有特定的编织方式，晶片可以辨识出使用者按的是哪个英文字母。同时这种材料有良好的空气流通性和可回收性，具有柔软、质轻的特点，主要用于电子产品。

软性腕上电话是萨姆·赫克特为英国 ElekSen 公司设计的，他的设计非常重视科技含量，造型风格则较为简约。这款软性腕上电话就是采用了智能电子织物，可以弯曲、折叠，小巧而方便，使电话变得更灵活。它首次让产品表面和产品内部一样，变得智能化。

图 7-13　变色龙汤匙

5. Ribbon 自行车手把包带（见图 7-15）

Ribbon 自行车手把包带以聚亚胺酯塑料为基料，添加天然的软木成分而制成。木质成分的加入，给自行车手把包带添加了在此之前所没有的一些优异特性。当把它缠绕在车手把上时，它可以吸收手上的汗液，以确保能安全、舒适地握住车把。包带的颜色是将材料进行染色，从而有效的阻止颜色的退色。

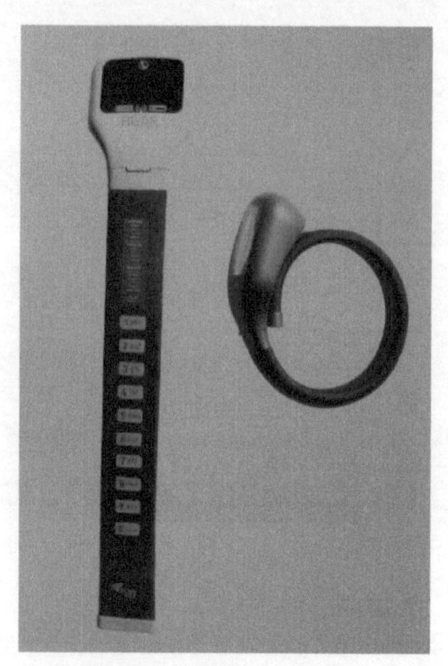

图 7-14　软性腕上电话

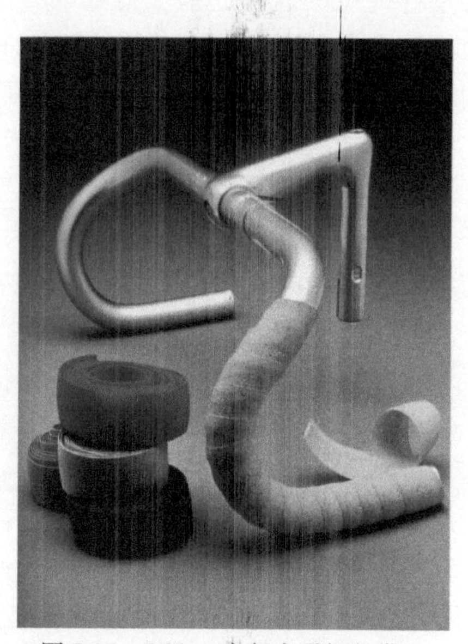

图 7-15　Ribbon 自行车手把包带

6. 高科技灯具（见图 7-16）

年轻的丹麦设计师 Janne Kyttanen 和 Jiri Evenhuis 采用快速成形技术制成的带有灯影的照明产品。他们用 SLA 和 SLS 快速成形技术设计制造了一系列造型独特的灯具产品。在成形过程中，激光接触到的光敏聚合物液体可以被精确地固化成所要的造型。快速成形技术的运用实现了数字化与实物之间的对接。

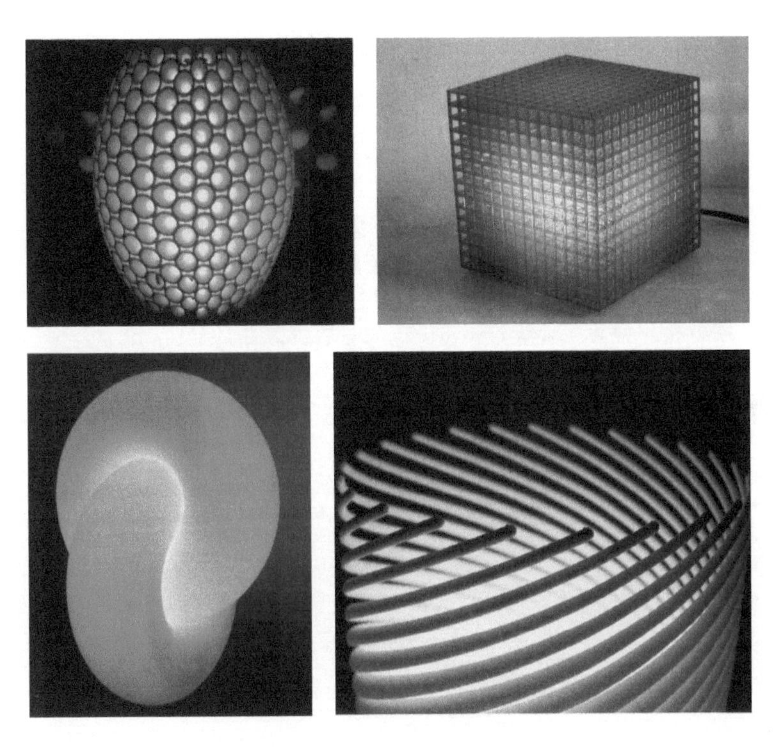

图 7-16　高科技灯具

思考题

7-1　设计中材料的选择要遵循的基本原则是什么？

7-2　快速成形技术是哪些先进技术的集成？快速成形的基本原理是什么？

7-3　快速成形技术与传统的加工方法有何根本区别？

7-4　简述新材料的概念及作用。

7-5　搜集新材料及其应用的相关信息，探讨新材料对未来设计的影响。

参考文献

[1] 江湘芸. 设计材料及加工工艺 [M]. 北京：北京理工大学出版社，2003.

[2] 郑建启. 材料工艺学 [M]. 武汉：湖北美术出版社，2005.

[3] 李乐山. 工业设计材料与加工手册 [M]. 北京：中国水利水电出版社、知识产权出版社，2005.

[4] 黄丽. 高分子材料 [M]. 北京：化学工业出版社，2005.

[5] 杨瑞成. 材料科学与材料世界 [M]. 北京：化学工业出版社，2005.

[6] 高岩. 工业设计材料与表面处理 [M]. 北京：国防工业出版社，2005.

[7] 阿德里安·海斯. 西方工业设计300年 [M]. 长春：吉林美术出版社，2003.

[8] 张锡. 设计材料与加工工艺 [M]. 北京：化学工业出版社，2004.

[9] 刘立红. 产品设计工程基础 [M]. 上海：上海人民美术出版社，2005.

[10] 吴昊，于文波. 环境设计装饰材料应用艺术 [M]. 天津：天津人民美术出版社，2004.

[11] 梅尔·拜厄斯. 世纪经典工业设计——设计与材料的革新 [M]. 北京：中国轻工业出版社，2000.

[12] 克里斯·莱夫特瑞. 欧美工业设计5大材料顶尖创意 [M]. 上海：上海人民美术出版社，2004.